ヤマ勘不要！解き心地最高！

超難問
理詰めナンプレ
205

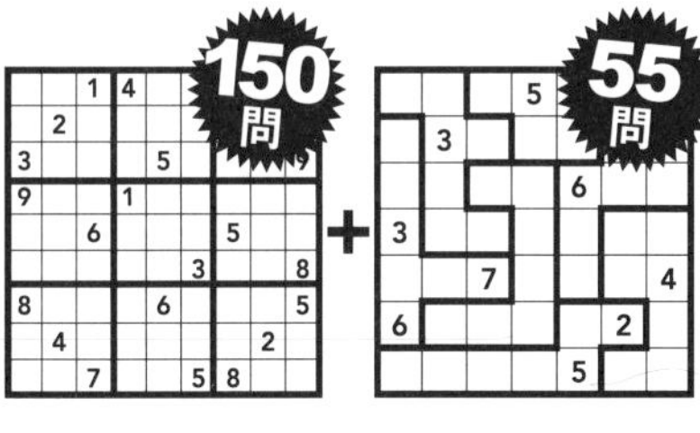

150問 + 55問

川崎光徳 著

日貿出版社

納得して1つの答えにたどり着ける達成感

　簡単なルール、しかも計算はまったく不要、すぐに楽しめるパズルとして、今日、ナンプレは多くのファンの方に愛されています。そんなファンの多くは、より難しい問題への挑戦を望んでいます。ただ、この「難しい」という言葉には、いろいろなとらえ方があります。

　解く手法の中には、仮定法とよばれるものがあります。これはあるところまで解くと、いくつかの候補までは数字が絞り込めるものの、1つには決めきれず、ヤマ勘で仮に候補の数字を当てはめて、試行錯誤で正誤を確かめるという方法です。この解法をどこで行えばいいのかがわかりにくいことと、正誤の確認作業が面倒なことから、難易度が高いとしている場合もありますが、本書では一切この仮定法は使いません。

　本書では、本文で紹介している基本技や応用技を使えばすべての問題を理詰めで解けるようになっています。ヤマ勘にたよらず、きっちりした理屈で納得して1つの答えにたどり着ける達成感を、存分に楽しんでください。

　さらに難しい問題を、とお望みの方に、デコボコ・ナンプレを掲載しました。デコボコ・ナンプレは奇をてらったものではなく、3マス×3マスの正方形を9つ組んだスタンダード・タイプのナンプレの源というべきものです。スタンダード・タイプのナンプレはデコボコ・ナンプレの内部に詰め込まれた形の異なる図形をすべて正方形に整えた特種型と考えてください。

　スタンダード・タイプとデコボコ・ナンプレでは、解法や楽しさがひと味違います。そのことがあなたの頭脳に新鮮な刺激となりますように。

　では始めましょう。あなたのペースで、完全制覇を目指して。

目次

- 超難問ナンプレ ……………………………………… 3
  - ナンプレのルール …………………………………… 3
  - ナンプレを理詰めで解く技 ………………………… 4
  - 解答手順の図をヒントに活用しよう ……………… 7
- **超難問ナンプレ 問題** ……… 8
  - メモ書きが理詰めで解く鍵! ……………………… 58
- さらに難しく、楽しく
- **デコボコ・ナンプレ** ……………………………… 160
  - デコボコ・ナンプレのルール ……………………… 160
  - デコボコ・ナンプレを理詰めで解く技 …………… 161
- **デコボコ・ナンプレ 問題** ……… 164
  - 問題を解きながら、応用技を学ぼう! ……………… 214
- 超難問ナンプレ 解答 ………………………………… 221
- デコボコ・ナンプレ 解答 …………………………… 246

超難問ナンプレ

ナンプレのルール

ナンプレとはナンバープレース（Number Place）の略で、１～９の数字をルールにしたがって書き込むパズルです。数字を使っていますが、計算はまったく不要。ルールは簡単で次の２つです。

① マスの中に1～9の数字のいずれかを入れる。

② タテの列、ヨコの行、そして太枠で囲まれた3マス×3マスのブロックの中に同じ数字が入ってはいけない。

ルールの内容を、下の問題と解答を見て確認してください。

（問題）

タテの列　3マス×3マスのブロック　ヨコの行

		4	6				1	
				3				7
9						3		
7				6				
	8		1		4		2	
				9				5
		2						4
3				5				
	1				2	5		

（解答）

5	3	4	6	2	7	8	1	9
1	2	6	9	3	8	4	5	7
9	7	8	5	4	1	3	6	2
7	9	3	2	6	5	1	4	8
6	8	5	1	7	4	9	2	3
2	4	1	8	9	3	6	7	5
8	5	2	3	1	6	7	9	4
3	6	7	4	5	9	2	8	1
4	1	9	7	8	2	5	3	6

ナンプレを理詰めで解く技

ナンプレの解き方の考え方やテクニックを紹介します。基本技と応用技を活用することで、すべてのナンプレがヤマ勘にたよらず理詰めで解けます。

基本技①

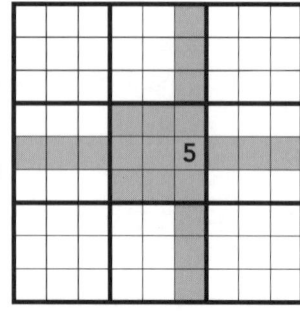

ルールの内容を図で確認しましょう。ヒントで5の数字が入っています。これによって、グレーのマスにはもう5を使うことはできず、5以外の数字を検討すればいいとわかります。

基本技②

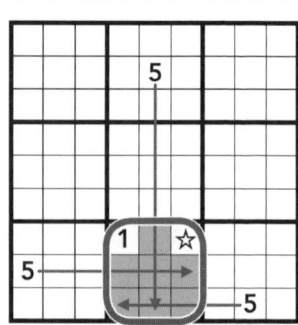

太い線で囲まれた3マス×3マスのブロックに注目。まわりのヒントの影響で、グレーのマスには5が使えないとわかり、消去法によって☆=5となります。

基本技③

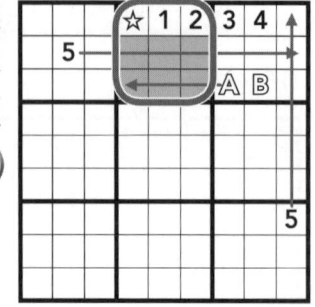

まずはA、Bについて考えてみましょう。ヒントの数字の5の影響で、A、Bのどちらかが5になるとわかります。そのことから、上段中央の3マス×3マスのブロックのグレーのマスには5が使えないとわかり、消去法によって☆=5となります。

基本技④

	8					3	5	
	2							4
6	3							2
			9	3	4,7	2		
		4	5,6,8	5,6,8	5,6,8	7		
		9	4,7	1	2			
2							6	7
1						9		
	9	5				4		

マスに入る数字が、2つや3つにしぼれたら、小さな字で候補の数字をメモしておきましょう。納得しながら解き進めるには、とても効果的な作業です。

応用技 Ⅹ

数字がいくつか並んでいるヨコの行に注目。ヒントによってⒶ、Ⓑのどちらにも5が使えないとわかり、自動的に☆=5となります。Ⓐ、Ⓑそれぞれの数字が確定しなくても、同じ行のマスの正体がわかる応用技です。

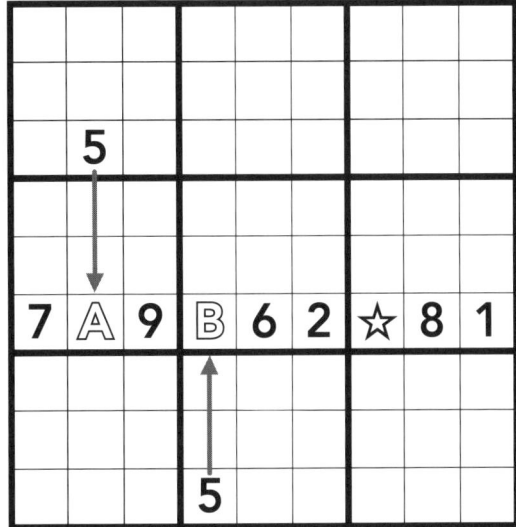

応用技 Ｙ

数字がいくつか並んでいるタテの列に注目。ヒントによってⒶ、Ⓑのどちらにも5が使えないとわかり、自動的に☆=5となります。Ⓐ、Ⓑそれぞれの数字が確定しなくても、同じ列のマスの正体がわかる応用技です。

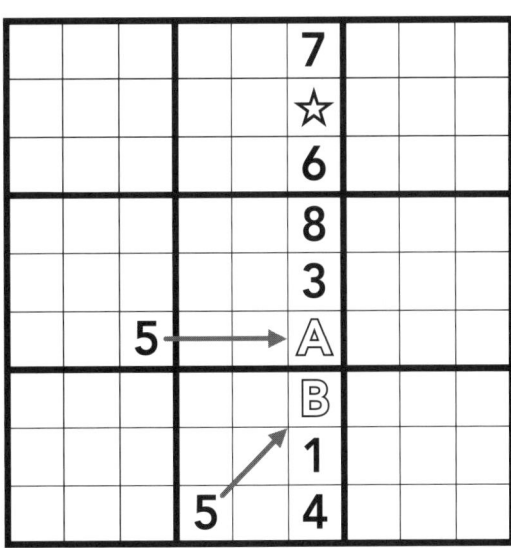

応用技 Ⓩ

そのマスが属する行、列、3マス×3マスのブロックの数字を調べてみましょう。☆が属して影響をおよぼすグレーのマスでは、ヒントによって5以外の数字がすべて使われているので、自動的に☆=5となります。ヒントを使った消去法で、マスの正体がわかる応用技です。

				9				
8		7			☆			4
			2					
						3		
						1		
						6		

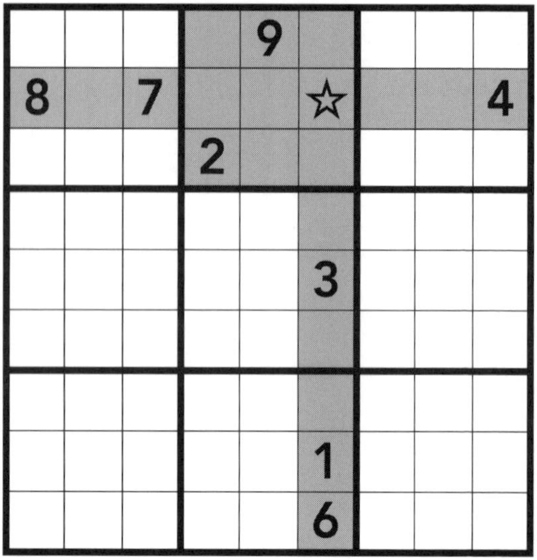

応用技 Ⓩ 発展型

まずはA、Bに注目。ヒントの数字の2の影響で、A、Bのどちらかが2になるとわかります。そこで、小さな字でA、Bのマスに2とメモ書きをしました。次に☆が属する行、列、3マス×3マスのブロックの数字を調べます。☆が属して影響をおよぼすグレーのマスでは、ヒントと、どちらかが2とわかっているA、Bを考慮すると、5以外の数字がすべて使われているので、自動的に☆=5となります。A、Bそれぞれの数字が確定しなくても、ヒントと合わせて消去法を使い、マスの正体がわかる応用技です。

		3						2
	6		2					
1						7	9	
		☆		9		A₂	B₂	8
		7						
		4						

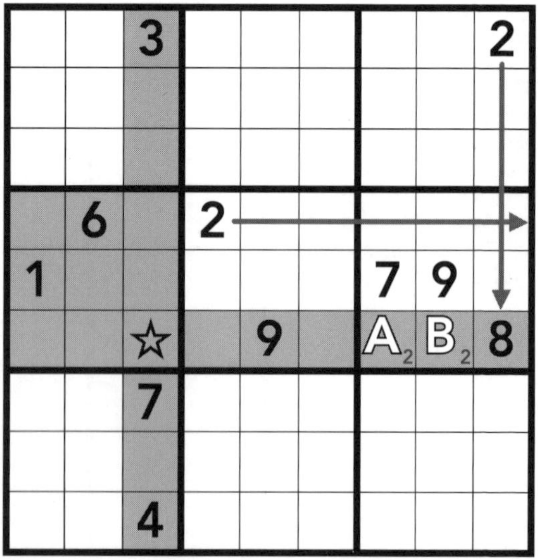

解答手順の図をヒントに活用しよう

221ページからの解答編ではパズルの答えと一緒に、マスを埋めていく順序と、応用技を使うマスの案内を示した「解答手順の図」を掲載しています。図の順序や応用技の案内は一例ですので、必ずしも同じ解法でなくてもいいのですが、解いている途中で手詰まりになったら、参考としてご覧ください。

●	42	46	38	●	21	4	45	●
43	●	25	●	1	●	31	●	32
34	39	●	40	14	15	●	47	36
27	●	19	●	18	●	16	●	26
●	5	41	6	35	11	29	23	●
50	●	48	●	37	●	33	●	7
24	52	●	8	12	51	●	28	30
9	●	3	●	10	●	17	●	13
●	49	44	20	●	53	22	2	●

16:y
17:x
19:x
20:z
21:z
22:z
26:x
27:y

●は出題ですでにヒントが入っているマスを示します。

図の中の数字は、マスを埋めていく順序です。その中で応用技を使うマスの数字を右に書き出して、どの応用技を使うのかを案内します。欄外に案内のないマスは基本技で解けます。

解きはじめから15手順までは、グレーになっていて見やすい!

1	5	4	7	9	3	8	2	6
7	2	6	8	1	5	3	9	4
3	9	8	2	4	6	1	5	7
4	1	5	9	6	8	2	7	3
2	8	3	1	5	7	4	6	9
9	6	7	4	3	2	5	8	1
6	4	1	5	8	9	7	3	2
5	3	2	6	7	1	9	4	8
8	7	9	3	2	4	6	1	5

下の図が答えです。

NUMBER PLACE
1

所要時間

分

答え：221p

				9			7	
	8		5		1			4
	6			8			3	
4			3		5			1
	9			6			2	
3			8		9		1	
	2			3				

① ② ③ ④ ⑤ ⑥ ⑦ ⑧ ⑨

NUMBER PLACE
2

所要時間

分

答え：221p

				8		7		
	2	1			9			
	8			4				5
							6	
4		9				3		8
	5							
8				1			2	
			2			6	5	
		4		5				

1 2 3 4 5 6 7 8 9

NUMBER PLACE

3

所要時間

分

答え：221p

					5			7
	8			9			4	
9			1			8		
	1			8				
		4				3		
				6			2	
		1			7			5
	9			4			8	
3			2					

①②③④⑤⑥⑦⑧⑨

NUMBER PLACE
4

所要時間

分

答え：222p

					6			7
	7				2		9	
		5	4			2		
		9					3	8
6	1					4		
		6			4	5		
	4		7				1	
3			8					

1 2 3 4 5 6 7 8 9

NUMBER PLACE

5

所要時間

分

答え：222p

3	1					6		
7			9	5				
						2		9
	9				6			
	3						7	
			8				1	
4		3						
				2	7			3
		8					4	5

① ② ③ ④ ⑤ ⑥ ⑦ ⑧ ⑨

NUMBER PLACE
6

所要時間

分

答え：222p

9	5				1			
1				7		6		
		8					2	
					7			9
	4						3	
6			4					
	2					7		
		6		9				2
			6				1	5

1 2 3 4 5 6 7 8 9

NUMBER PLACE

7

所要時間

分

答え：222p

		4				8		
			7				4	
7				4	3			9
	8					1		
		1				5		
		6					3	
9			5	3				8
	1				9			
		2				6		

❶ ❷ ❸ ❹ ❺ ❻ ❼ ❽ ❾

NUMBER PLACE
8

所要時間

分

答え：222p

	1		5					
8				3		1	6	
			4				8	
5		1						
	9						4	
						8		2
	2				7			
	5	7		9				1
					6		3	

1 2 3 4 5 6 7 8 9

NUMBER PLACE

9

所要時間

分

答え：222p

		1					9	
		2						4
8	4		7	2				
		6			3			
		5				8		
			9			4		
				1	5		8	3
2						5		
	7					9		

1 2 3 4 5 6 7 8 9

NUMBER PLACE
10

所要時間

分

答え：223p

		2						8
		1			9		7	
4	3		5					
		7			3		5	
	1		8			4		
					2		9	6
	2		1			8		
6						5		

1 2 3 4 5 6 7 8 9

NUMBER PLACE 11

所要時間

分

答え：223p

					9			
	5	2	8				1	
	4			7		2		
	2							7
		6				3		
7							5	
		1		4			9	
	9				7	5	8	
			2					

1 2 3 4 5 6 7 8 9

NUMBER PLACE
12

所要時間

分

答え：223p

	4		1	6				
5						3	2	
		7					9	
6			4					
9								3
					5			8
	3					4		
	2	1						7
				8	3		6	

1 2 3 4 5 6 7 8 9

NUMBER PLACE
13

所要時間

分

答え：223p

	1				8		4	
5			9	4				7
						5		
	6							9
	2						8	
8							1	
		4						
7				5	2			3
	8		6				7	

❶ ❷ ❸ ❹ ❺ ❻ ❼ ❽ ❾

NUMBER PLACE 14

所要時間

分

答え：223p

	7					6		
4					3			
			4	5				9
		5	6				3	
		3				8		
	8				5	1		
5				6	2			
			3					1
		7					9	

1 2 3 4 5 6 7 8 9

NUMBER PLACE
15

所要時間

分

答え：223p

				4				1
			2		7		4	
		8		5				
	2						9	
3		9				4		8
	8						6	
				8		3		
	7		1		5			
5				3				

1 2 3 4 5 6 7 8 9

NUMBER PLACE
16

所要時間

分

答え：224p

1	3			6			8	
5					9			2
			2					
	8					4		
9								7
		6					5	
					7			
7			1					9
	6			4			2	8

1 2 3 4 5 6 7 8 9

NUMBER PLACE
17

所要時間

分

答え：224p

1			9					2
	3			8				
		7	3			1		
						6		7
	1						3	
4		9						
		6			4	9		
				5			8	
2					7			5

① ② ③ ④ ⑤ ⑥ ⑦ ⑧ ⑨

NUMBER PLACE
18

所要時間

分

答え：224p

					2			7
	9			5			8	
		4	1					
		9	6					5
	3						2	
6					4	3		
					7	9		
	6			8			1	
4			5					

1 2 3 4 5 6 7 8 9

NUMBER PLACE

19

所要時間

分

答え：224p

		5	8			2		
			3				4	
2						5		3
4	2				1			
			7				1	8
5		3						9
	6				7			
		9			6	4		

1 2 3 4 5 6 7 8 9

NUMBER PLACE

20

所要時間

分

答え：224p

4		3	5				1	
					7			4
5						2		
7			4				8	
	6				9			7
		9						6
3			7					
	8				2	9		1

① ② ③ ④ ⑤ ⑥ ⑦ ⑧ ⑨

NUMBER PLACE

21

所要時間

分

答え：224p

		4			9			
	2			3			7	
		1				5		3
8			9					
	3						1	
					8			6
6		2				7		
	1			2			4	
			5			8		

①②③④⑤⑥⑦⑧⑨

NUMBER PLACE

22

所要時間

分

答え：225p

	1							4
9			7	2			8	
				9				
	4		1					
	3	6				7	4	
					9		1	
				8				
	9			6	5			2
5							7	

① ② ③ ④ ⑤ ⑥ ⑦ ⑧ ⑨

NUMBER PLACE

23

所要時間

分

答え：225p

		1			4			9
			8					
2		7			1			
	9				7	3		4
5		8	6				7	
			5			4		7
					3			
8			2			6		

1 2 3 4 5 6 7 8 9

NUMBER PLACE
24

所要時間

分

答え：225p

	1							
2				8			9	
		3			1		4	
	8		7			5		
4								9
		9			5		2	
	7		2			8		
	5			1				4
							6	

1 2 3 4 5 6 7 8 9

NUMBER PLACE
25

所要時間

分

答え：225p

1			5					
	3		6			4	9	
			4				7	
6	9	8						
						3	5	7
	2				5			
	6	7			8		4	
					1			9

1 2 3 4 5 6 7 8 9

NUMBER PLACE
26

所要時間

分

答え：225p

		1		2			9	
					9		7	3
5			4					
		4					8	
2								6
	9					7		
					3			9
8	6		7					
	3			5		6		

1 2 3 4 5 6 7 8 9

NUMBER PLACE
27

所要時間

分

答え：225p

		8		6				
	5				3			1
		9		7			2	
4								6
	2						5	
9								4
	7			4		5		
2			5				3	
				9		7		

1 2 3 4 5 6 7 8 9

NUMBER PLACE
28

所要時間

分

答え：226p

			1			3		
		6		4			5	
	3				8			9
2							3	
		5				4		
	6							2
3			7				1	
	2			9		7		
		8			2			

❶ ❷ ❸ ❹ ❺ ❻ ❼ ❽ ❾

NUMBER PLACE 29

所要時間

分

答え：226p

	9		6					
7	1				9		8	
		2		3				
2							4	
		7				3		
	5							1
				7		4		
	8		5				9	2
					1		5	

1 2 3 4 5 6 7 8 9

NUMBER PLACE 30

超難問ナンプレ

所要時間　　分

答え：226p

				2			4	
		5	4					8
	1	9					5	
3						8		
			9		6			
		7						1
	4					3	1	
2					3	6		
	6			8				

❶ ❷ ❸ ❹ ❺ ❻ ❼ ❽ ❾

NUMBER PLACE 31

所要時間　　分

答え：226p

		6			7			2
			9					
4			6			1		
	3	1	2					6
7					1	5	4	
		4			9			3
					2			
5			3			8		

❶　❷　❸　❹　❺　❻　❼　❽　❾

NUMBER PLACE 32

超難問ナンプレ

所要時間　　分

答え：226p

3	6				5			
5					8	3		
			1				2	
		9					7	4
8	3					9		
	1				9			
		6	7					2
			4				5	1

❶　❷　❸　❹　❺　❻　❼　❽　❾

NUMBER PLACE 33

所要時間　　　分

答え：226p

7	3				2			5
4			6				1	
					8			
	2					4		7
8		9					3	
			9					
	8				3			2
6			4				5	1

❶ ❷ ❸ ❹ ❺ ❻ ❼ ❽ ❾

NUMBER PLACE
34

所要時間

分

答え：227p

		9	3					1
							7	
6		4		8		2		
2			5					
		3				5		
					9			3
		8		3		1		9
	4							
7					1	6		

1 2 3 4 5 6 7 8 9

NUMBER PLACE 35

所要時間　　分

答え：227p

		4				1		
	7				8		2	
9		6				3		
	2				6			
1								7
			5				4	
		2				9		1
	4		3				6	
		8				2		

❶ ❷ ❸ ❹ ❺ ❻ ❼ ❽ ❾

NUMBER PLACE 36

超難問ナンプレ

所要時間 ___ 分

答え:227p

					7	4		
	2	6					9	
	3		1					8
		1	6					3
7					4	5		
2					9		1	
	5					2	8	
		8	5					

① ② ③ ④ ⑤ ⑥ ⑦ ⑧ ⑨

NUMBER PLACE
37

所要時間

分

答え：227p

								8
		1		4			9	
	7		3			5		
3					8			1
	6						7	
2			9					5
		3			9		4	
	8			7		6		
5								

① ② ③ ④ ⑤ ⑥ ⑦ ⑧ ⑨

NUMBER PLACE 38

所要時間　　分

答え：227p

		1						5
	2		3		4		6	
5				8				
	3						9	
		5				8		
	4						2	
				7				6
	9		1		5		3	
4						7		

① ② ③ ④ ⑤ ⑥ ⑦ ⑧ ⑨

NUMBER PLACE 39

所要時間　　　分

答え：227p

3				4				
		6			5	3		
	5		1				2	
		3					4	
2								8
	1					7		
	8				2		9	
		1	7			6		
				8				2

❶ ❷ ❸ ❹ ❺ ❻ ❼ ❽ ❾

超難問ナンプレ

NUMBER PLACE 40

所要時間

分

答え：228p

1				4				
				1		6	3	
			3				8	
		2			3			
5	8						7	9
			9			1		
	7				2			
	6	4		5				
				7				4

1 2 3 4 5 6 7 8 9

NUMBER PLACE 41

所要時間　　分

答え：228p

	3				4			
		1				7		
	5		6				4	
		7		2				4
			5		7			
9				3		1		
	6				5		9	
		2				6		
			4				2	

❶　❷　❸　❹　❺　❻　❼　❽　❾

超難問ナンプレ

NUMBER PLACE
42

所要時間

分

答え：228p

		9					8	
2		8			7			
				2			3	4
			5		6			
		7				8		
			3		4			
1	5			6				
			1			9		2
	6					4		

1 2 3 4 5 6 7 8 9

NUMBER PLACE
43

所要時間

分

答え：228p

2								1
	7		5		3	2		
					6		3	
	2					7	6	
	8	4					9	
	1		4					
		6	1		9		4	
3								8

❶ ❷ ❸ ❹ ❺ ❻ ❼ ❽ ❾

NUMBER PLACE
44

所要時間

分

答え：228p

		3		9				2
			7				1	
		4				7		
	6				5			
1		8				4		6
			2				8	
		2				1		
	5				6			
4				7		9		

① ② ③ ④ ⑤ ⑥ ⑦ ⑧ ⑨

NUMBER PLACE 45

所要時間　　分

答え：228p

		9					2	
	1			7	6			9
6						7		
			2				5	
	7						4	
	6				8			
		4						5
5			4	3			8	
	8					1		

❶ ❷ ❸ ❹ ❺ ❻ ❼ ❽ ❾

NUMBER PLACE

46

所要時間

分

答え：229p

			7				9	
	7			3	5			8
		4				1		
9							8	
	6						7	
	8							3
		8				2		
3			6	7			5	
	1				4			

1 2 3 4 5 6 7 8 9

NUMBER PLACE 47

所要時間　　　　答え：229p

分

5								9
		4	1		6		8	
	3							
	1		6		2		3	
	9		8		5		6	
							2	
	6		3		4	1		
2								5

❶ ❷ ❸ ❹ ❺ ❻ ❼ ❽ ❾

NUMBER PLACE 48

超難問ナンプレ

所要時間　　　分

答え：229p

			4	9				
		1	8			5		
	4	2					3	
					3			5
4								1
7			6					
	2					9	6	
		3			5	8		
				7	9			

❶ ❷ ❸ ❹ ❺ ❻ ❼ ❽ ❾

NUMBER PLACE 49

所要時間　　分

答え：229p

			5	7			3	
	3	1						6
	5							
7				4				
8			7		9			4
				3				9
							9	
9						1	4	
	1			6	2			

① ② ③ ④ ⑤ ⑥ ⑦ ⑧ ⑨

NUMBER PLACE
50

所要時間

分

答え：229p

		8				2		
	5				3		4	
3		6				8		
	1				4			
6								7
			2				8	
		5				9		4
	4		3				2	
		9				7		

① ② ③ ④ ⑤ ⑥ ⑦ ⑧ ⑨

使えるテクニックを紹介します

メモ書きが理詰めで解く鍵！

STEP①

右の図ではヒントの 4、7 の影響で、Ⓐ、Ⓑのいずれかが 4、7 であるとわかります。

		8				3	5	
		2						4
6	3							2
			9	3	Ⓐ	2		
		4				7		
		9	Ⓑ	1	2			
2							6	7
1						9		
	9	5				8		

STEP②

Ⓐ、Ⓑのいずれかが 4、7 であるとわかったので、小さな字で枠内にメモを書きました。また中央のブロックのまん中に並ぶ 3 つのマスの候補が 5、6、8 と絞り込めたので、枠内にメモを書きました。ここまでの作業で、グレーのマスに入る数字の候補が 1、2、3、9 とわかりました。

		8				3	5	
		2						4
6	3							2
			9	3	Ⓐ 4,7	2		
		4	5,6,8	5,6,8	5,6,8	7		
		9	Ⓑ 4,7	1	2			
2							6	7
1						9		
	9	5				8		

STEP③

グレーのマスに入る数字の候補（1、2、3、9）とヒントを合わせて考えると、左側で 3、2 が決定、右側では 1、9 の 2 つまで候補が絞り込めて枠内にメモを書きました。このようにまだ1つには絞り込めていない候補の数字も、メモ書きによってヒントとして活用することができます。

		8				3	5	
		2						4
6	3							2
			9	3	4,7	2		
3	2	4	5,6,8	5,6,8	5,6,8	7	1,9	1,9
		9	4,7	1	2			
2							6	7
1						9		
	9	5				8		

STEP ①

図アの a、b はメモ書きした候補の数字です。このように、マス2つに対して候補も2つの数字という場合は、どちらにどの数字が入ると決められなくても、ここには候補の2つの数字以外は入らないと決まります。

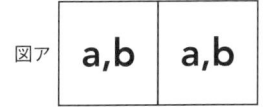

図ア | **a,b** | **a,b** |

STEP ②

図イの a、b、c はメモ書きした候補の数字です。このように、マス3つに対して候補も3つの数字という場合は、どちらにどの数字が入ると決められなくても、ここには候補の3つの数字以外は入らないと決まります。

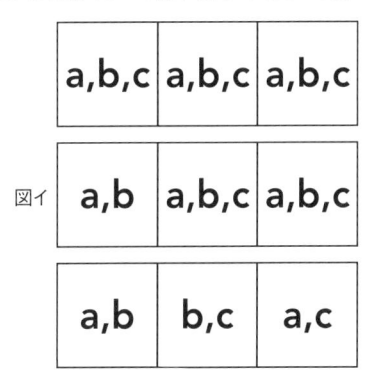

図イ

a,b,c	a,b,c	a,b,c
a,b	a,b,c	a,b,c
a,b	b,c	a,c

STEP ③

図ウは問題の一部です。上のブロックで、マス3つに対して候補も3つの数字（1、2、3）とメモが書かれています。このことから、Ⓐ、Ⓑ の候補が8、9と決まります。
上記のメモ書きから、Ⓒ、Ⓓ の候補が5、6となり、ヒントを考慮すると、Ⓒ=5、Ⓓ=6と決まりました。

図ウ

図エ

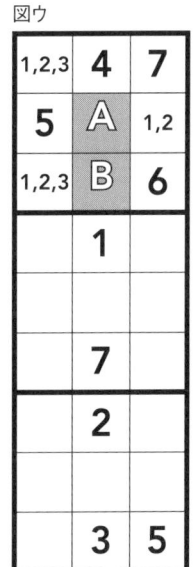

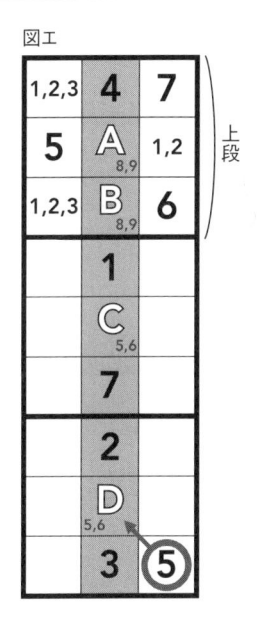

上段

NUMBER PLACE 51

所要時間　　　分

答え：229p

8	1							
9				3		1	8	
		6	7				9	
		2						
	7						3	
						4		
	6				1	8		
	3	5		2				4
							7	5

❶　❷　❸　❹　❺　❻　❼　❽　❾

超難問ナンプレ

NUMBER PLACE
52

所要時間

分

答え：230p

			4				6	
5				1		3		8
	6				8			
		1						7
	7						4	
8						1		
			6				9	
7		3		8				5
	4				9			

① ② ③ ④ ⑤ ⑥ ⑦ ⑧ ⑨

NUMBER PLACE
53

所要時間

分

答え：230p

	8		2				6	
		7		9				4
					1			
1		6						9
	3						1	
9						2		5
			9					
5				7		3		
	7				3		2	

①　②　③　④　⑤　⑥　⑦　⑧　⑨

NUMBER PLACE
54

所要時間

分

答え：230p

6			8		9			
			1			3	9	
		4					5	
1	5							3
3							4	1
	2					9		
	8	6			4			
			9		6			2

①　②　③　④　⑤　⑥　⑦　⑧　⑨

NUMBER PLACE

55

所要時間

分

答え：230p

		1	4			7		
	2						3	
3				5				9
9			1					
		6				5		
					3			8
8				6				5
	4						2	
		7			5	8		

1 2 3 4 5 6 7 8 9

NUMBER PLACE 56

超難問ナンプレ

所要時間　　分

答え：230p

1				8				
		3			5		9	
	8			3		6		
							8	
7		4				5		3
	2							
		6		9			2	
	4		6			7		
				7				1

① ② ③ ④ ⑤ ⑥ ⑦ ⑧ ⑨

NUMBER PLACE 57

所要時間　　分

答え：230p

	5		8					
4	9			3				
		3			7			
1			7			6		
	3						9	
		4			8			3
			4			7		
				9			5	1
				6		4		

① ② ③ ④ ⑤ ⑥ ⑦ ⑧ ⑨

NUMBER PLACE 58

超難問ナンプレ

所要時間　　　分

答え：231p

			5					
		3			8	1	2	
	4					3	9	
7			2				6	
	9				4			7
	5	4					1	
	7	1	8			2		
					3			

① ② ③ ④ ⑤ ⑥ ⑦ ⑧ ⑨

NUMBER PLACE 59

所要時間　　分

答え：231p

				5	2			4
		5				7		
	6	1					3	
			6					3
6								9
4					8			
	1					5	7	
		9				8		
5			1	7				

① ② ③ ④ ⑤ ⑥ ⑦ ⑧ ⑨

NUMBER PLACE 60

超難問ナンプレ

所要時間　　　分

答え：231p

			7				6	
	3	4			8			5
	8					1		
6					1		2	
	2		4					9
		5					8	
1			6			5	7	
	9				3			

① ② ③ ④ ⑤ ⑥ ⑦ ⑧ ⑨

NUMBER PLACE 61

所要時間　　分

答え：231p

			3			1		2
	4				6			
		9				4		7
8			5				7	
	2				9			8
9		1				6		
			7				1	
3		6			4			

❶　❷　❸　❹　❺　❻　❼　❽　❾

NUMBER PLACE
62

所要時間

分

答え：231p

		6		2				
			1			9	8	
1					6		7	
	9					5		
5								9
		3					2	
	4		8					1
	8	2			3			
				6		4		

1 2 3 4 5 6 7 8 9

NUMBER PLACE 63

所要時間　　　分

答え：231p

		1	6					5
	7				4		8	
2				3				
4							6	
		3				7		
	5							3
				6				2
	4		9				7	
8					1	3		

❶ ❷ ❸ ❹ ❺ ❻ ❼ ❽ ❾

NUMBER PLACE
64

所要時間

分

答え：232p

4	2				8			
3			6				7	
		5			4			
	9					5		7
1		4					6	
			3			7		
	8				2			4
			1				3	2

1 2 3 4 5 6 7 8 9

NUMBER PLACE 65

所要時間　　　分

答え：232p

			4				8	2
					7			3
		1		9				
1			9				2	
		6				1		
	2				5			8
				6		4		
2			3					
5	7				1			

① ② ③ ④ ⑤ ⑥ ⑦ ⑧ ⑨

超難問ナンプレ

NUMBER PLACE
66

所要時間

分

答え：232p

			2					9
		8			7		5	
	5			6				
7					4		6	
		3				4		
	9		3					1
				5			8	
	2		9			1		
5					3			

① ② ③ ④ ⑤ ⑥ ⑦ ⑧ ⑨

NUMBER PLACE
67

所要時間

分

答え：232p

1					2			
			8		3	5	1	
		8					3	
	1						6	8
4	5						2	
	2					7		
	8	9	6		7			
			9					4

1 2 3 4 5 6 7 8 9

NUMBER PLACE 68

超難問ナンプレ

所要時間　　分

答え：232p

9							5	
	1				9			6
		8		4	7			
						8	6	
		2				7		
	5	4						
			6	3		2		
3			7				1	
	9							4

① ② ③ ④ ⑤ ⑥ ⑦ ⑧ ⑨

NUMBER PLACE
69

所要時間

分

答え：232p

				1				9
	9	6	7		4			
	2					1		
	8						4	
9								5
	7						3	
		3					2	
			1		8	6	7	
5				2				

① ② ③ ④ ⑤ ⑥ ⑦ ⑧ ⑨

NUMBER PLACE
70

所要時間

分

答え：233p

			7	6				3
			3			5		
					4		9	
5	1					4		
3								7
		6					2	9
	3		9					
		9			1			
4				8	6			

❶ ❷ ❸ ❹ ❺ ❻ ❼ ❽ ❾

NUMBER PLACE
71

所要時間

分

答え：233p

	4				3	1		
		2					8	
			8					3
				9		5		6
			7		2			
3		9		8				
7					1			
	6					8		
		5	9				2	

1 2 3 4 5 6 7 8 9

NUMBER PLACE 72

所要時間　　　分

答え：233p

	2						5	
		3				8		
5			2		4			6
		2				3		
			6		7			
		1				9		
4			7		5			1
		8				6		
	9						7	

① ② ③ ④ ⑤ ⑥ ⑦ ⑧ ⑨

NUMBER PLACE
73

所要時間

分

答え：233p

		1					5	
			8		4			9
5				3				
	3				6		7	
		7				9		
	9		7				1	
				4				8
7			5		2			
	8					7		

1 2 3 4 5 6 7 8 9

超難問ナンプレ

NUMBER PLACE 74

所要時間　　分

答え：233p

4	5						1	
9			3					5
			8			4		
	1	3			8			
			2			7	6	
		4			6			
1					5			9
	2						5	3

① ② ③ ④ ⑤ ⑥ ⑦ ⑧ ⑨

NUMBER PLACE
75

所要時間

分

答え：233p

		1	9				5	
	3			5				6
				7				4
			8				3	
		4				6		
	2				1			
9				3				
5				4			8	
	6				5	2		

1 2 3 4 5 6 7 8 9

超難問ナンプレ

NUMBER PLACE 76

所要時間 分

答え：234p

9				7			2	
	6		2				5	4
					9			
	9					4		
8								1
		5					8	
			4					
7	1				8		3	
	5			2				6

① ② ③ ④ ⑤ ⑥ ⑦ ⑧ ⑨

NUMBER PLACE

77

所要時間

分

答え：234p

					6	3		
		1	9					
	8		7			5		1
	2	6						8
3						1	9	
6		5			2		3	
					8	7		
		2	4					

① ② ③ ④ ⑤ ⑥ ⑦ ⑧ ⑨

超難問ナンプレ

NUMBER PLACE 78

所要時間　分

答え：234p

1				7				5
		3					2	
	9		6	8				
		6						
4		1				5		7
						8		
				1	2		4	
	1					3		
9				4				6

1　2　3　4　5　6　7　8　9

NUMBER PLACE
79

所要時間

分

答え：234p

3	1					7		
4				6	8			
		8						5
					3		4	
	8						2	
	2		1					
7						6		
			9	1				2
		5					9	3

① ② ③ ④ ⑤ ⑥ ⑦ ⑧ ⑨

NUMBER PLACE
80

所要時間

分

答え：234p

			8	3				
		1					9	
	3				6	5		
4			5			1		
5								8
		7			4			3
		4	7				2	
	5					6		
				4	9			

1 2 3 4 5 6 7 8 9

NUMBER PLACE 81

所要時間 　　分

答え：234p

4	5					3		
9				6				
			1			2		8
		4			5			
	7						6	
			9			7		
7		2			3			
				8				1
		5					2	7

① ② ③ ④ ⑤ ⑥ ⑦ ⑧ ⑨

NUMBER PLACE 82

超難問ナンプレ

所要時間　　分

答え：235p

1		8						6
				2	5			
3				1		2		
							4	
	8	6				9	1	
	5							
		2		6				1
			3	9				
7						4		5

① ② ③ ④ ⑤ ⑥ ⑦ ⑧ ⑨

NUMBER PLACE

83

所要時間

分

答え：235p

			7			5	4	
	1			8				7
		2						8
9					4			
	6						5	
			6					3
5						9		
4				2			7	
	9	3			8			

1 2 3 4 5 6 7 8 9

NUMBER PLACE 84

所要時間

分

答え：235p

		3		6				
					1		8	
4		6	3					
		9	4				2	
3								4
	8				7	1		
					2	9		6
	5		6					
				1		2		

1 2 3 4 5 6 7 8 9

NUMBER PLACE
85

所要時間

分

答え：235p

	5		6					
1				5	9		7	
						1		
9					7		6	
	2						1	
	3		8					2
		4						
	6		3	4				8
					8		3	

1 2 3 4 5 6 7 8 9

NUMBER PLACE
86

所要時間

分

答え：235p

	1			2			4	
6							8	3
		7		4				
			5					
7		8				5		6
					9			
				9		6		
3	4							2
	2			1			7	

1 2 3 4 5 6 7 8 9

NUMBER PLACE

87

所要時間

分

答え：235p

2						4		
		8			4		9	
	1		8					5
		7			8		3	
	9		6			2		
5					3		7	
	2		1			6		
		4						1

1 2 3 4 5 6 7 8 9

NUMBER PLACE 88

超難問ナンプレ

所要時間 　　分

答え：236p

					6			
				4		1		
	4	3		2		7		
5								
	3	7	1		4	5	2	
								8
		6		3		4	9	
		2		8				
			2					

① ② ③ ④ ⑤ ⑥ ⑦ ⑧ ⑨

NUMBER PLACE
89

所要時間

分

答え：236p

				4			3	
		1		3			2	8
	5					9		
					9			
2	7						5	4
			6					
		3					7	
5	9			2		3		
	4			8				

1 2 3 4 5 6 7 8 9

NUMBER PLACE 90

所要時間

分

答え：236p

					9		8	
8				4		2		
	1				5			
5		9						
	3		7		8		5	
						3		2
			1				6	
		3		2				7
	7		6					

❶ ❷ ❸ ❹ ❺ ❻ ❼ ❽ ❾

NUMBER PLACE

91

所要時間

分

答え：236p

		1		8				3
			2				1	
3			7			4		
	8	6						
7								1
						2	3	
		8			4			9
	6				9			
2				5		7		

1 2 3 4 5 6 7 8 9

NUMBER PLACE

92

所要時間

分

答え：236p

		9	4					3
					7			
2		1	6					
8		5	2				4	
	6				4	3		9
					3	7		8
			1					
7					9	6		

1 2 3 4 5 6 7 8 9

NUMBER PLACE

93

所要時間

分

答え：236p

		3	7				9	5
					1			4
9				3				
1							2	
		2				8		
	5							3
				4				9
7			9					
8	1				2	7		

1 2 3 4 5 6 7 8 9

NUMBER PLACE 94

所要時間　　分

答え：237p

超難問ナンプレ

		5	8		7	3		
2				4				9
1			2					6
		6				8		
9					1			4
6				7				5
		3	5		2	7		

NUMBER PLACE 95

所要時間　　分

答え：237p

							5	
6							5	
	4		2	9				7
		3				2		
	9		4					
	6						9	
					8		1	
		4				3		
1				2	5		8	
	2							5

❶ ❷ ❸ ❹ ❺ ❻ ❼ ❽ ❾

NUMBER PLACE 96

超難問ナンプレ

所要時間　　　分

答え：237p

		2	8			9		
				9				
5		4				1		7
2					3			
	8						6	
			4					5
1		8				7		3
				1				
		7			6	8		

NUMBER PLACE 97

所要時間　　分

答え：237p

		1			4			
	4			1			2	
9				6				
			7					6
	2	4				9	1	
8					5			
				8				5
	3			5			4	
			9			6		

❶ ❷ ❸ ❹ ❺ ❻ ❼ ❽ ❾

NUMBER PLACE 98

所要時間　　　分

答え：237p

超難問ナンプレ

	9		6					
2	6				9			
		1			8			
4			7			2	3	
	8	9			1			4
			3			8		
			4				7	3
					5		6	

❶ ❷ ❸ ❹ ❺ ❻ ❼ ❽ ❾

NUMBER PLACE 99

所要時間

分

答え：237p

5		7			6			
					7		3	
3		9	4					
		2					6	5
8	6					9		
					4	3		7
	2		1					
			8			4		6

1 2 3 4 5 6 7 8 9

超難問ナンプレ

NUMBER PLACE 100

所要時間　分

答え：238p

		4		9	6			
	1						2	
5				7				
			3					2
3		5				7		8
9					4			
				5				4
	7						6	
			7	3		1		

① ② ③ ④ ⑤ ⑥ ⑦ ⑧ ⑨

NUMBER PLACE

101

所要時間

分

答え：238p

				8				3
		9	3				7	
	2				4			
	6				2	5		
3								7
		4	6				1	
			4				5	
	8				9	6		
9				2				

1 2 3 4 5 6 7 8 9

NUMBER PLACE 102

所要時間　　　分

答え：238p

超難問ナンプレ

			6			8		
		1			8	7		
	9						2	1
2			5				7	
	6				1			4
7	1						4	
		4	3			5		
		8			9			

① ② ③ ④ ⑤ ⑥ ⑦ ⑧ ⑨

NUMBER PLACE 103

所要時間　　　分

答え：238p

					7			5
		1	3				4	
	7	2				8		
	8				6			1
3			5				7	
		6				9	2	
	3				4	7		
9			2					

① ② ③ ④ ⑤ ⑥ ⑦ ⑧ ⑨

NUMBER PLACE
104

所要時間

分

答え：238p

				9	8			
	6					1		
7		9					2	
	3		4					2
		5				3		
8					5		6	
	1					6		4
		8					5	
			3	7				

1 2 3 4 5 6 7 8 9

NUMBER PLACE
105

所要時間

分

答え：238p

	3			8				
1					3			
			1				2	
	8			2		4		
5			8		9			3
		7		6			1	
	9				5			
			4					7
				7			6	

① ② ③ ④ ⑤ ⑥ ⑦ ⑧ ⑨

NUMBER PLACE
106

所要時間

分

答え：239p

5	8		6			9		
7			5					
				9				2
8	3							
		2				6		
							7	1
4				5				
					4			7
		3			8		4	5

1 2 3 4 5 6 7 8 9

NUMBER PLACE 107

所要時間　　　分

答え：239p

			7		2			
	3			9		4		
					8		5	
3						5		6
	2						8	
7		4						9
	8		3					
		2		7			1	
			4		5			

① ② ③ ④ ⑤ ⑥ ⑦ ⑧ ⑨

NUMBER PLACE
108

所要時間

分

答え：239p

1			6			2		
	8				4		1	
					9			5
3						1	2	
	5	6						4
2			5					
	9		7				3	
		5			8			7

① ② ③ ④ ⑤ ⑥ ⑦ ⑧ ⑨

NUMBER PLACE 109

所要時間　　分

答え：239p

7						8		
	8		4	6				
					3			7
	2				1	7		
	9						1	
		6	5				2	
1			2					
				5	6		3	
		4						9

① ② ③ ④ ⑤ ⑥ ⑦ ⑧ ⑨

NUMBER PLACE
110

所要時間

分

答え：239p

					2			
2				7		4		8
	5		4				3	
8		1						
	6						9	
						3		5
	9				1		6	
4		2		8				1
			3					

①②③④⑤⑥⑦⑧⑨

NUMBER PLACE 111

所要時間　　分

答え：239p

			9		1		5	
	8			7				3
						1		
9					5			7
	3						2	
8			4					5
		4						
6				8			9	
	7		5		6			

① ② ③ ④ ⑤ ⑥ ⑦ ⑧ ⑨

NUMBER PLACE
112

所要時間

分

答え：240p

	1				6			
3				5		2	6	
		2					3	
					7			1
	7						8	
4			1					
	9					5		
	8	6		9				7
			5				2	

1 2 3 4 5 6 7 8 9

NUMBER PLACE

113

所要時間

分

答え：240p

7	6						5	
1					4			2
		4				8		
	5		7		3			
			5		9		3	
		3				4		
8			1					9
	2						6	8

① ② ③ ④ ⑤ ⑥ ⑦ ⑧ ⑨

NUMBER PLACE
114

所要時間

分

答え：240p

	1		5				9	
3		4		8		7		
					6			
		2						7
	5						2	
6						3		
			1					
		7		4		6		3
	2				9		1	

❶ ❷ ❸ ❹ ❺ ❻ ❼ ❽ ❾

NUMBER PLACE
115

所要時間

分

答え：240p

		1						
	5			8		4	7	
6			3				8	
		4			6			
	2						1	
			9			3		
	1				7			8
	8	7		4			2	
						5		

① ② ③ ④ ⑤ ⑥ ⑦ ⑧ ⑨

NUMBER PLACE
116

所要時間

分

答え：240p

	4			9				1
5	1				6			
			7			8		
		9					2	
3								5
	5					3		
		6			3			
			1				7	4
7				8			9	

❶ ❷ ❸ ❹ ❺ ❻ ❼ ❽ ❾

NUMBER PLACE 117

所要時間　　分

答え：240p

			1					7
		2				6	3	
	1			9			8	
4			7					
		8				4		
					1			6
	8			3			7	
	6	5				2		
2					5			

① ② ③ ④ ⑤ ⑥ ⑦ ⑧ ⑨

NUMBER PLACE 118

超難問ナンプレ

所要時間　分

答え：241p

					4		6	
5	1	2			7		3	
							8	
		9	8	2				
				9	5	8		
	3							
	6		4			9	1	2
	7		5					

① ② ③ ④ ⑤ ⑥ ⑦ ⑧ ⑨

NUMBER PLACE 119

所要時間　　分

答え：241p

		4		8	9			
	5					2		
9			1				5	
		2						6
3								7
5						3		
	6				8			4
		8					7	
			7	3		9		

① ② ③ ④ ⑤ ⑥ ⑦ ⑧ ⑨

超難問ナンプレ

NUMBER PLACE 120

所要時間　分

答え：241p

	1				6			
7							8	
			1	4		2		
		7	6					8
		5				1		
8					9	3		
		6		2	3			
	4							9
			7				4	

❶ ❷ ❸ ❹ ❺ ❻ ❼ ❽ ❾

NUMBER PLACE 121

所要時間 ___ 分

答え：241p

	4		9					
1			8			3	5	
				7			6	
5	7							
		3				2		
							1	3
	6			2				
	9	8			1			5
					6		8	

❶ ❷ ❸ ❹ ❺ ❻ ❼ ❽ ❾

超難問ナンプレ

NUMBER PLACE 122

所要時間　分

答え：241p

		6		2	4			
	3		8				1	
2								
	5		1					8
7								6
4					2		9	
								3
	8				9		5	
			7	4		2		

① ② ③ ④ ⑤ ⑥ ⑦ ⑧ ⑨

NUMBER PLACE 123

所要時間　　　答え：241p

分

					8		5	
	3	6		7				1
	4				3			
						2		7
	5						8	
1		3						
			4				2	
7				2		6	4	
	6		9					

❶ ❷ ❸ ❹ ❺ ❻ ❼ ❽ ❾

超難問ナンプレ

NUMBER PLACE 124

所要時間　　分

答え：242p

	9				8		3	
5	1		9					6
				4				
	3							9
		7				5		
6							8	
				3				
4					6		7	5
	2		1				4	

❶ ❷ ❸ ❹ ❺ ❻ ❼ ❽ ❾

NUMBER PLACE 125

所要時間　　分

答え：242p

	1					2		4
2			9		7			
		3						5
	8		2				9	
	4				3		6	
5						3		
			6		8			7
1		7					5	

❶　❷　❸　❹　❺　❻　❼　❽　❾

NUMBER PLACE 126

所要時間

分

答え：242p

				8	5			
		9			2			
	4		3			6		
		5					2	8
7								4
1	8					7		
		2			9		6	
			1			3		
			6	3				

1 2 3 4 5 6 7 8 9

NUMBER PLACE

127

所要時間

分

答え：242p

		8						4
			9		7	2		
5				8			9	
	6						8	
		5				9		
	3						7	
	9			1				7
		3	2		6			
2						4		

❶ ❷ ❸ ❹ ❺ ❻ ❼ ❽ ❾

NUMBER PLACE
128

所要時間

分

答え：242p

7	4							1
6				8		9		
					6		5	
			1			8		
	9						4	
		1			2			
	3		2					
		7		6				2
5							3	7

1 2 3 4 5 6 7 8 9

NUMBER PLACE 129

所要時間　　分

答え：242p

		7		8			1	
					9			2
5			6			4		
		3					5	
6								4
	7					3		
		9			1			8
2			5					
	5			2		6		

① ② ③ ④ ⑤ ⑥ ⑦ ⑧ ⑨

NUMBER PLACE
130

所要時間

分

答え：243p

		7			6		4	
					4		8	9
2				5				
							9	6
		8				5		
9	3							
				7				1
3	6		1					
	5		3			8		

1 2 3 4 5 6 7 8 9

NUMBER PLACE
131

所要時間

分

答え：243p

1					8			
		2		1		6		
	4				7		9	
						3		7
	9						4	
4		5						
	5		6				2	
		8		3		7		
			1					6

❶ ❷ ❸ ❹ ❺ ❻ ❼ ❽ ❾

NUMBER PLACE
132

所要時間

分

答え：243p

		5	8			6		
					3		7	
6		1						4
8					6		2	
	9		3					7
2						8		9
	1		5					
		3			8	5		

1 2 3 4 5 6 7 8 9

NUMBER PLACE
133

所要時間

分

答え：243p

		7	6	5				1
	9						6	
2					3			
9						1		
3								8
		5						4
			8					6
	4						2	
5				1	9	8		

1 2 3 4 5 6 7 8 9

NUMBER PLACE 134

超難問ナンプレ

所要時間　　　分

答え：243p

					9	1		
					7	4		
6	4						2	
4	5				1			
		9				2		
			7				1	8
	2						3	6
		5	8					
		3	9					

① ② ③ ④ ⑤ ⑥ ⑦ ⑧ ⑨

NUMBER PLACE

135

所要時間

分

答え：243p

	3	7			9			
1					6		8	
4			5					
		8					4	7
6	2					8		
					3			9
	5		2					3
			4			7	1	

① ② ③ ④ ⑤ ⑥ ⑦ ⑧ ⑨

超難問ナンプレ

NUMBER PLACE 136

所要時間　　分

答え：244p

				5				
	8	1			3		6	
	2				9	1		
						4	5	
1								9
	6	7						
		5	1				7	
	9		6			3	4	
				8				

① ② ③ ④ ⑤ ⑥ ⑦ ⑧ ⑨

NUMBER PLACE 137

所要時間　　分

答え：244p

		7						5
	4		6		3		7	
5				2				
	6						1	
		1				3		
	8						9	
				3				1
	9		8		6		3	
2						9		

① ② ③ ④ ⑤ ⑥ ⑦ ⑧ ⑨

超難問ナンプレ

NUMBER PLACE 138

所要時間　　分

答え：244p

8						9		
	3			4			6	
		4			6			2
			3			5		
	6						9	
		5			1			
4			5			7		
	2			9			3	
		7						1

① ② ③ ④ ⑤ ⑥ ⑦ ⑧ ⑨

NUMBER PLACE
139

所要時間

分

答え：244p

	4			6		2		
2			8					
					3			9
	7				1	6		
9								2
		3	5				4	
5			1					
					7			5
		7		8			3	

1 2 3 4 5 6 7 8 9

NUMBER PLACE
140

所要時間

分

答え：244p

		1		2			7	
	2				8			4
3		5						
					4		1	
8								9
	5		3					
						9		6
9			7				4	
	3			5		8		

❶ ❷ ❸ ❹ ❺ ❻ ❼ ❽ ❾

NUMBER PLACE
141

所要時間

分

答え：244p

	4			9				1
8					1		9	
		7	2					
		2					7	
3								5
	7					4		
					5	3		
	1		7					4
2				4			8	

1 2 3 4 5 6 7 8 9

NUMBER PLACE 142

超難問ナンプレ

所要時間　　分

答え：245p

					3			7
	4	1						
	6		2			4		
		8	6		2			9
7			8		5	3		
		5			8		1	
						5	9	
2			7					

❶　❷　❸　❹　❺　❻　❼　❽　❾

NUMBER PLACE
143

所要時間

分

（答え：245p）

					4	2		
	5	8					7	
	3			7				4
			6					1
		2				9		
7					1			
5				3			2	
	6					1	8	
		3	8					

① ② ③ ④ ⑤ ⑥ ⑦ ⑧ ⑨

NUMBER PLACE 144

所要時間　　　答え：245p

分

超難問ナンプレ

9			2					
	6				3		1	
				1	4			
8						2	5	
		9				6		
	1	7						8
			6	5				
	3		9				7	
					8			2

❶ ❷ ❸ ❹ ❺ ❻ ❼ ❽ ❾

NUMBER PLACE 145

所要時間　　　答え：245p

分

	3		7				8	
6					9			5
		9	1					
4		3					5	
	2						6	7
					2	9		
9			4					1
	8				5		3	

① ② ③ ④ ⑤ ⑥ ⑦ ⑧ ⑨

NUMBER PLACE 146

超難問ナンプレ

所要時間　　　　答え：245p

								6
	7				6		1	
		2		9		7		
	4		5		9			
		5				6		
			1		3		9	
		1		2		5		
	9		4				2	
3								

NUMBER PLACE

147

所要時間

分

答え：245p

	7				3			
6	9		4	2				
						1		
	8				6			5
	5						9	
4			7				2	
		4						
				1	8		3	2
			5				8	

① ② ③ ④ ⑤ ⑥ ⑦ ⑧ ⑨

NUMBER PLACE 148

超難問ナンプレ

所要時間　　分

答え：246p

			5		9			
	5	2		8			1	
	4					2		
8								7
	7						6	
4								9
		1					4	
	8			5		6	2	
			3		7			

① ② ③ ④ ⑤ ⑥ ⑦ ⑧ ⑨

NUMBER PLACE
149

所要時間

分

答え：246p

	8						5	2
2			8					7
		3		9				
	4				3			
		9				6		
			5				1	
				4		7		
8					9			1
1	7						8	

1 2 3 4 5 6 7 8 9

超難問ナンプレ

NUMBER PLACE 150

所要時間　　分

答え：246p

		8				1		
	1		6				7	
6				3				9
	4		8					
		2				8		
					5		4	
9				6				1
	7				1		2	
		4				3		

1　2　3　4　5　6　7　8　9

さらに難しく、楽しく デコボコ・ナンプレ

デコボコ・ナンプレのルール

本書では3つのサイズのデコボコ・ナンプレが掲載されています。7×7=49マス、8×8=64マス、9×9=81マスの3サイズでそれぞれ1〜7、1〜8、1〜9の数字をルールにしたがって書き込むパズルです。数字を使っていますが、計算は一切不要。ルールは簡単で次の2つです。

① マスの中に1〜7（1〜8、1〜9）の数字のいずれかを入れる。

② タテの列、ヨコの行、そして太枠で囲まれたブロックの中に同じ数字が入ってはいけない。

ルールの内容を、下の問題と解答を見て確認してください。
ここでは7×7=49マスのパズルを示します。

（問題）

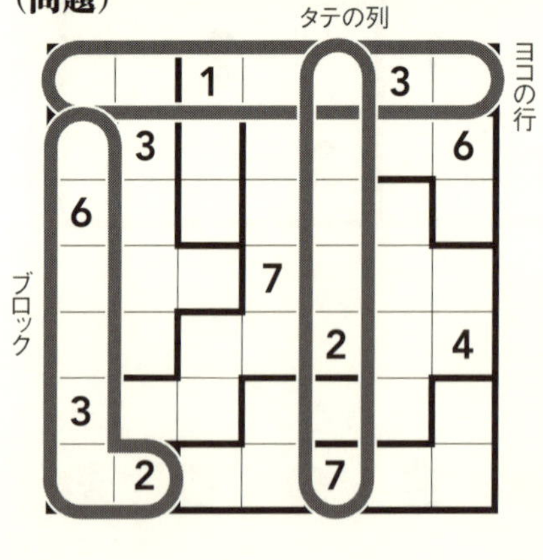

タテの列 / ヨコの行 / ブロック

	1		3			
	3				6	
6						
		7				
			2		4	
3						
		2	7			

（解答）

2	7	1	4	6	3	5
4	3	7	2	5	1	6
6	4	2	1	3	5	7
1	5	6	7	4	2	3
7	1	5	3	2	6	4
3	6	4	5	1	7	2
5	2	3	6	7	4	1

デコボコ・ナンプレを理詰めで解く技

ナンプレの解き方の考え方やテクニックを紹介します。解く技を活用することで、本書のデコボコ・ナンプレがヤマ勘にたよらず理詰めで解けます。

解く技 ①

基本的な技です。ルールの内容を図で確認しましょう。ヒントで7の数字が入っています。これによって、グレーのマスにはもう7を使うことはできず、7以外の数字を検討すればいいとわかります。

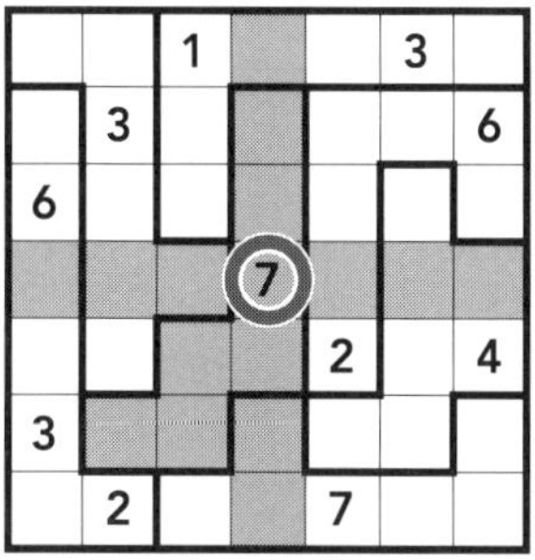

解く技 ②

ヒントにたくさん使われている数字に注目。ここでは、2つの7を活用して、その数字が影響するマスをグレーにしました。すると一気に7が入るマスの数が絞り込めて、下から2行目では、☆=7と決定しました。

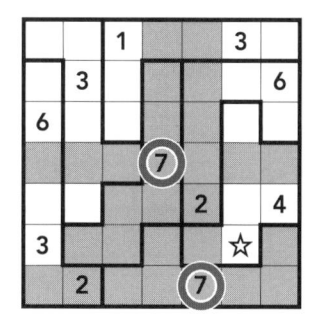

解く技 ③

マスに入る数字が、2つや3つにしぼれたら、小さな字で候補の数字をメモしておきましょう。納得しながら解き進めるには、とても効果的な作業です。

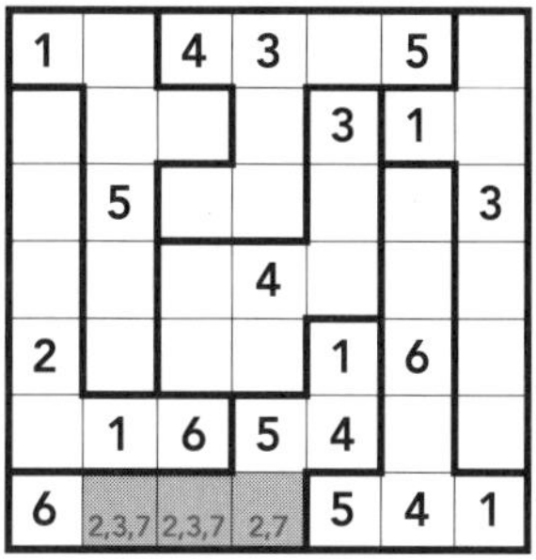

解く技 ④ デコボコ一致の法則

タテの列、ヨコの行に沿って、適当なところに直線を書き込んで、全体を上下または左右に分割してみます。このとき書き込んだ直線を「境界線」(図ではグレーの太線) とよびます。
境界線を書き込むといくつかの図形が、境界線によって分割されます。このことで、例 1 ではグレーのマスが 1 つずつ境界線の左・右に出っ張っています。例 2 ではグレーのマスが 1 つずつ境界線の上・下に出っ張っています。そこで境界線を境としてマスの内容を解答で調べると、例 1、例 2 とも数字が一致しています。
これは偶然ではなく、境界線のどちらかに出っ張ったマスの数字を、反対側に出っ張ったマスで補わないとルールを満たさないので、必ず一致するのです。
右のページの例 3 では 4 つのマスが境界線の左と右にそれぞれ出っ張っていますが、やはり解答では同じ数字の組み合わせが入っています。
境界線を境に、出っ張ったマスの数字、または数字の組み合わせは同じになるという「デコボコ一致の法則」を覚えておいてください。

(例 1)

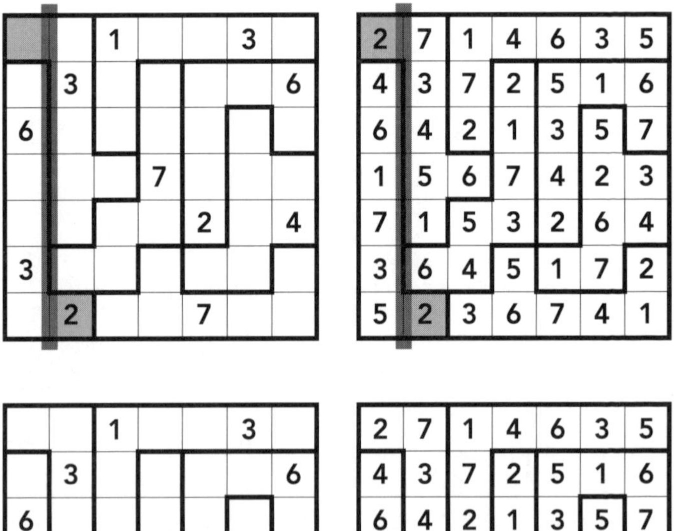

(例 2)

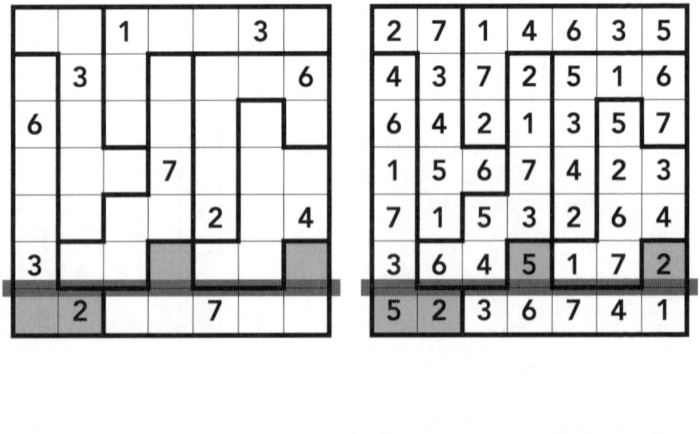

(例3)

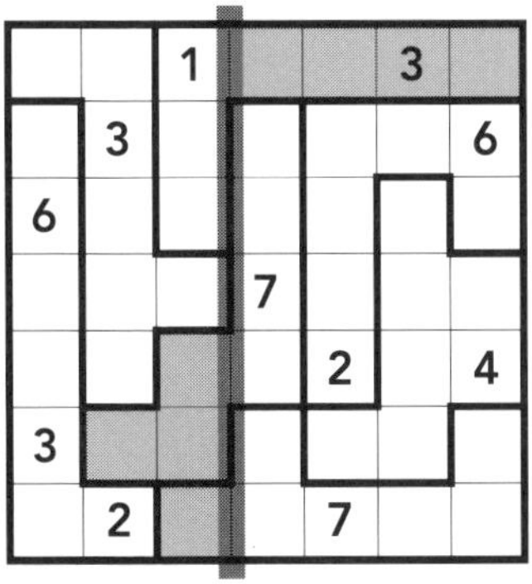

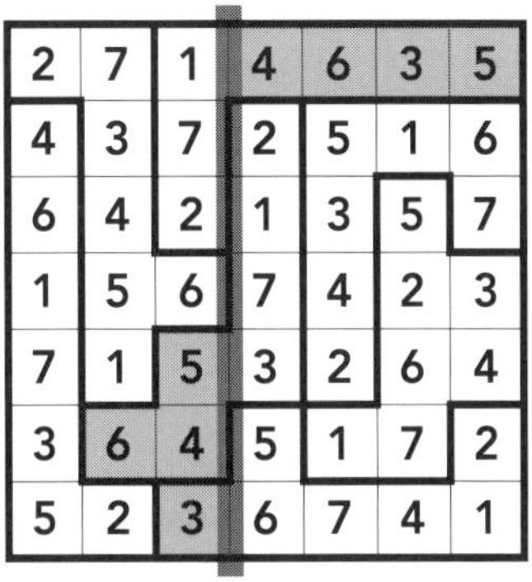

解く技 ⑤

境界線（グレーの太線）を書き込み、「デコボコ一致の法則」からⒶ、Ⓑは同じ数字だとわかりました。ここでお互いの候補を考え合わせる技を使います。ヒントからⒶは1、3、4、5、7ではありません。また、Ⓑは1、2、3、4、7ではありません。考え合わせると、Ⓐ＝Ⓑ＝6と決定しました。

ⒶとⒷは同じ数字

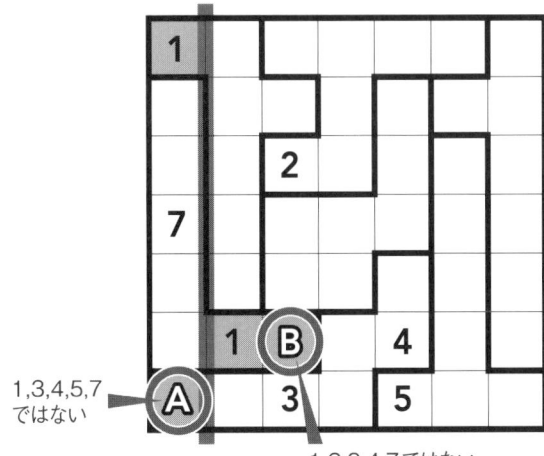

1,3,4,5,7
ではない

1,2,3,4,7ではない

DEKOBOKO
7×7
1

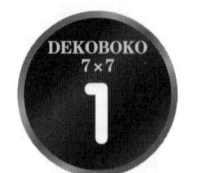

所要時間

分

答え：246p

				2		
1			5			
						6
		3			4	
			6			
7						
	5				1	

① ② ③ ④ ⑤ ⑥ ⑦

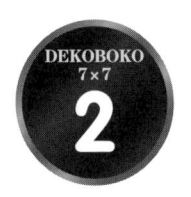

DEKOBOKO
7×7
2

所要時間

分

答え：247p

5						
	2		5			6
					1	
	4		7			
					7	
		1		4		
	5					

❶ ❷ ❸ ❹ ❺ ❻ ❼

DEKOBOKO 7×7 — 3

所要時間　　分

答え：247p

			4			
	3			1		
5					7	
						6
1					2	
	4			7		

① ② ③ ④ ⑤ ⑥ ⑦

デコボコ・ナンプレ7×7

DEKOBOKO 7×7
4

所要時間　　分

答え：247p

				1		2
					4	
	4					6
6		5				
			6			
				3		
			1			

1　2　3　4　5　6　7

DEKOBOKO
7×7

5

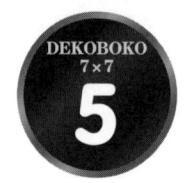

所要時間

分

答え：247p

❶ ❷ ❸ ❹ ❺ ❻ ❼

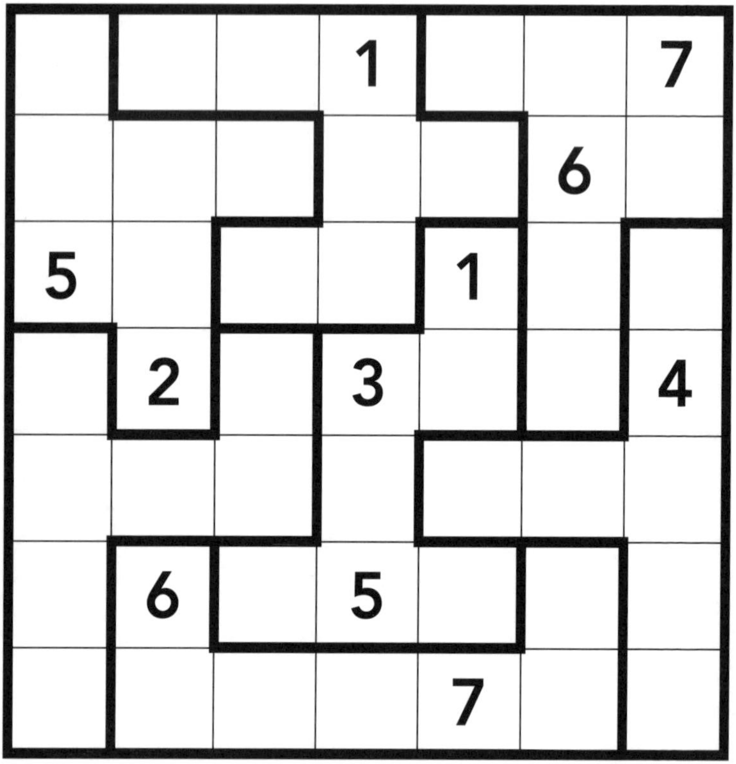

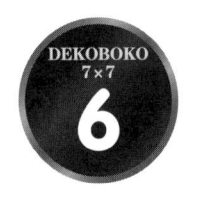

DEKOBOKO
7×7
6

所要時間

分

答え：247p

			3			
		2			5	
	1					
7					4	
				6		
	4		1			
						3

① ② ③ ④ ⑤ ⑥ ⑦

DEKOBOKO 7×7

7

所要時間　　分

答え：247p

		2				6
	3				7	
6		4				
			4			1
	7					
4			1			

① ② ③ ④ ⑤ ⑥ ⑦

DEKOBOKO
7×7
8

所要時間

分

答え：248p

			2			
		3			5	
4						
	6		1			7
					6	
	5		3			
				7		

① ② ③ ④ ⑤ ⑥ ⑦

DEKOBOKO 7×7

9

所要時間　　分

答え：248p

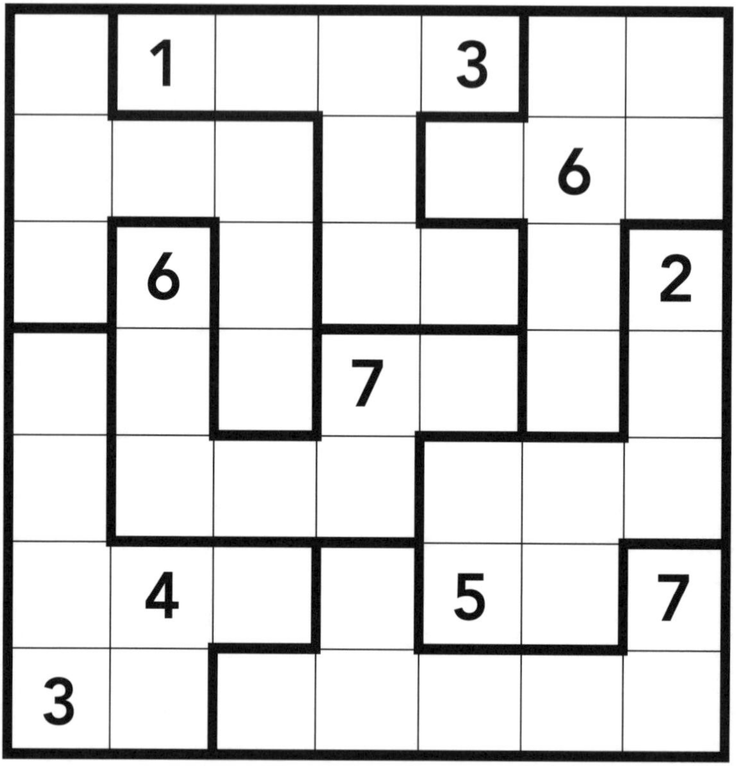

	1			3		
					6	
	6					2
			7			
	4			5		7
3						

① ② ③ ④ ⑤ ⑥ ⑦

DEKOBOKO
7×7
10

所要時間

分

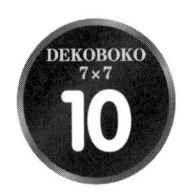

答え：248p

				5		
			5		2	
7				4		2
	6				1	
	3		4			
				2		

① ② ③ ④ ⑤ ⑥ ⑦

DEKOBOKO
7×7

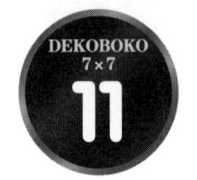

11

所要時間

分

答え：248p

				1		
					5	
		1		6		3
1			5			
		2		7		
			7			

① ② ③ ④ ⑤ ⑥ ⑦

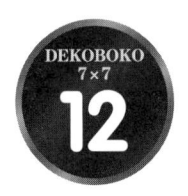

DEKOBOKO
7×7
12

所要時間

分

答え：248p

2				4		
		1				
	7					6
5					1	
				6		
		5				3

❶ ❷ ❸ ❹ ❺ ❻ ❼

DEKOBOKO 7×7

13

所要時間 ___ 分

答え：248p

			1			
	5				3	
5				4		
			7			2
	6					
		5			7	
				1		

① ② ③ ④ ⑤ ⑥ ⑦

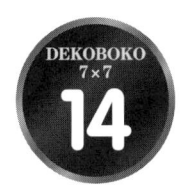

DEKOBOKO 7×7
14

所要時間

分

答え：249p

		2				
						5
2		5			6	
						1
		1				
	3			5		4

❶ ❷ ❸ ❹ ❺ ❻ ❼

DEKOBOKO
7×7

15

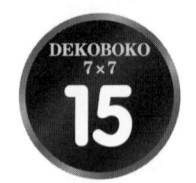

所要時間

分

答え：249p

			5		1	
	3					
				6		
3						
		7				4
6					2	
				5		

① ② ③ ④ ⑤ ⑥ ⑦

DEKOBOKO
7×7
16

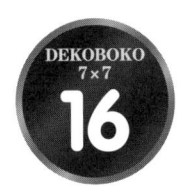

所要時間

分

答え：249p

		7				2
	2				5	
3		6				
			5			
	1				6	
4						1

1 2 3 4 5 6 7

DEKOBOKO 7×7

17

所要時間　　分

答え：249p

				3		
			2			
					5	
	1					7
5					6	
		2		6		
			1			

1　2　3　4　5　6　7

デコボコ・ナンプレ7×7

DEKOBOKO
7×7
18

所要時間

分

答え：249p

		3			5	
				5		
7						
	6				1	
4				7		
			2			
						4

❶ ❷ ❸ ❹ ❺ ❻ ❼

DEKOBOKO 7×7

19

所要時間

分

答え：249p

	4					6
					5	
	5			1		
6			2			
	6			3		1
			7			

① ② ③ ④ ⑤ ⑥ ⑦

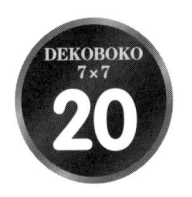

DEKOBOKO
7×7
20

所要時間

分

答え：250p

				4		
	5				1	
				3		5
6		1				
	4				2	
		7				

1 2 3 4 5 6 7

DEKOBOKO 7×7

21

所要時間　　　分

答え：250p

			4			
		1			7	
	5					
4						3
				7		
	2					
			6			5

① ② ③ ④ ⑤ ⑥ ⑦

デコボコ・ナンプレ 7×7

DEKOBOKO 7×7

22

所要時間　　分

答え：250p

(Puzzle grid with given numbers:)
- Row 1: _, _, _, 2, _, _, _
- Row 2: _, 1, _, _, _, 7, _
- Row 3: _, _, _, _, _, _, _
- Row 4: 6, _, 7, 5, 4, _, 2
- Row 5: _, _, _, _, _, _, _
- Row 6: _, 5, _, _, _, 2, _
- Row 7: _, _, _, 7, _, _, _

① ② ③ ④ ⑤ ⑥ ⑦

DEKOBOKO 7×7

23

所要時間　　分

答え：250p

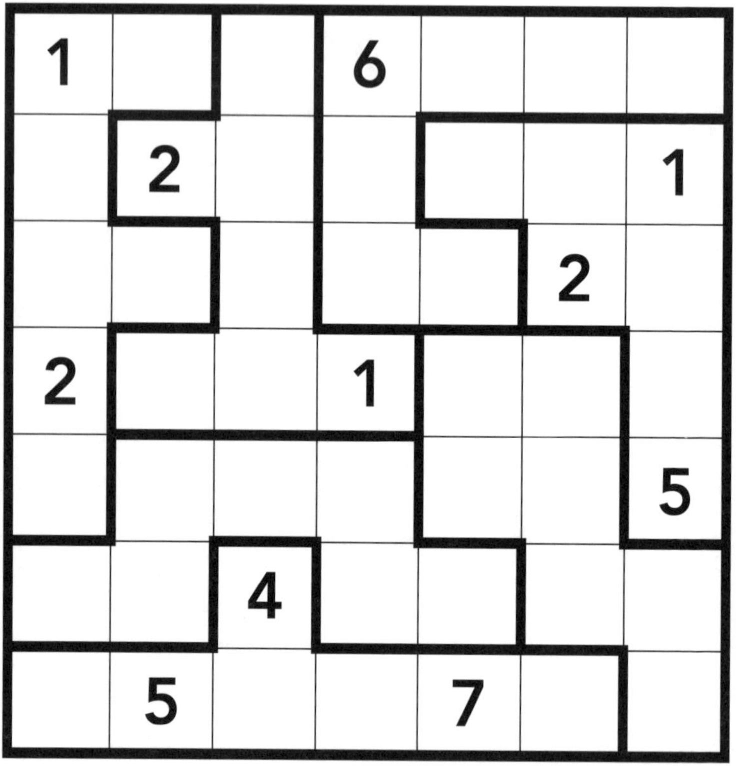

1			6			
	2					1
					2	
2			1			
						5
		4				
	5			7		

① ② ③ ④ ⑤ ⑥ ⑦

DEKOBOKO 7×7

24

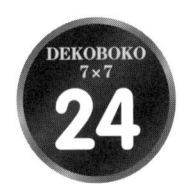

所要時間

分

答え：250p

1						
			5		1	
			7		3	
6		3				
7		6				2

1 2 3 4 5 6 7

DEKOBOKO 7×7

25

所要時間　　分

答え：250p

				5		
6					3	
	3					7
	6					
		1		4		
					2	

① ② ③ ④ ⑤ ⑥ ⑦

デコボコ・ナンプレ 7×7

DEKOBOKO 7×7

26

所要時間　　　分

答え：251p

	4					
1		3				
	7			2		3
		6			5	
				4		
		1				

① ② ③ ④ ⑤ ⑥ ⑦

DEKOBOKO
7×7

27

所要時間

分

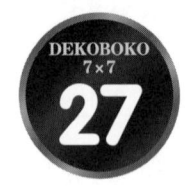

答え：251p

1			2		5	
7		3			1	
			4			
	2					
			5		7	

① ② ③ ④ ⑤ ⑥ ⑦

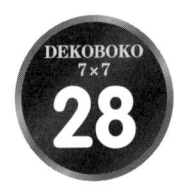

DEKOBOKO 7×7
28

所要時間

分

答え：251p

			6			
	3			2		
					4	
			4			5
4						
	2				7	
		1				

① ② ③ ④ ⑤ ⑥ ⑦

DEKOBOKO
7×7
29

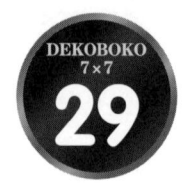

所要時間

分

（答え：251p）

3					6	
					2	4
		5				
				5		
2	1					
	4					2

① ② ③ ④ ⑤ ⑥ ⑦

デコボコ・ナンプレ 7×7

DEKOBOKO 7×7
30

所要時間　　分

答え：251p

			5			6
	2					
				1		5
3		7				
					3	
4			1			

❶　❷　❸　❹　❺　❻　❼

DEKOBOKO 8×8

1

所要時間　　分

答え：251p

4				6			
					6		2
		3					
			8		1		
5							
	7		3		4		5
	2				7		

① ② ③ ④ ⑤ ⑥ ⑦ ⑧

DEKOBOKO 8×8 — 2

所要時間　　分

答え：252p

		2		8			4
5		7			3		
							1
3							
		1			5		6
8			2		7		

❶　❷　❸　❹　❺　❻　❼　❽

DEKOBOKO 8×8 — 3

所要時間　　　　　答え：252p

分

							8
	1	8		5			
	4				2		
						6	
	8						
		6			7	1	
			3		8		
2							

DEKOBOKO
8×8
4

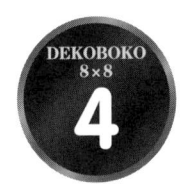

所要時間

分

答え：252p

			7			8	
	3	2					5
	1						
5			2	4			
			5				4
7						6	
	4			5			

1 2 3 4 5 6 7 8

DEKOBOKO 8×8

5

所要時間　　分

答え：252p

		1		6			4
	2		5				
3							
	5		6		8		
8							
			1		6		
						7	
2							5

① ② ③ ④ ⑤ ⑥ ⑦ ⑧

デコボコ・ナンプレ 8×8

DEKOBOKO 8×8

6

所要時間　　　答え：252p

分

			2				
		1					
	5			1			6
4					8	7	
		5					
			3				
			6				7
		3				4	

① ② ③ ④ ⑤ ⑥ ⑦ ⑧

DEKOBOKO
8×8
7

所要時間

分

答え：252p

			2				4
	1			6		3	
		8					
						1	
	8						6
6					3		
	7		3			6	
		5					

① ② ③ ④ ⑤ ⑥ ⑦ ⑧

デコボコ・ナンプレ8×8

DEKOBOKO 8×8

8

所要時間　　分

答え：253p

4			1				7
		1				6	
	4						
2				5			
			5		4		8
				1	2		
	3						
6				8			

① ② ③ ④ ⑤ ⑥ ⑦ ⑧

DEKOBOKO 8×8

9

所要時間　　　分

答え：253p

7							6
				5			
3			8				
		4				1	
			6		1		
6				2			
	3						
		5			4		2

1　2　3　4　5　6　7　8

デコボコ・ナンプレ 8×8

DEKOBOKO 8×8

10

所要時間　　分

答え：253p

			2		5		
						7	
5		4			7		2
		8	1				3
6			5		4		
	5						
		7			6		

① ② ③ ④ ⑤ ⑥ ⑦ ⑧

DEKOBOKO
8×8
11

所要時間
分

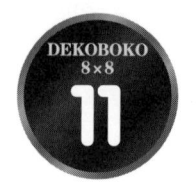

答え：253p

		5			1		
	2						
2			4				
		7			2		3
6			3		5		1
			5		8		

① ② ③ ④ ⑤ ⑥ ⑦ ⑧

DEKOBOKO
8×8

12

所要時間

分

答え：253p

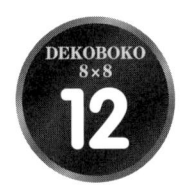

5			6				
						2	
		3	8		2		
	1						
7					5		3
		2			4		
				5			
			1				8

1 2 3 4 5 6 7 8

DEKOBOKO
8×8
13

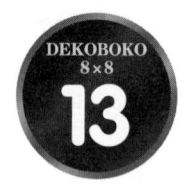

所要時間

分

答え：253p

1				2		4	
		1					8
	4			3			
7		8					6
						3	
4					2		
	2			5			

① ② ③ ④ ⑤ ⑥ ⑦ ⑧

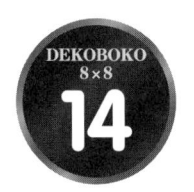

DEKOBOKO 8×8

14

所要時間

分

答え：254p

	3			2			
			6				
4		2					
5				7			3
			3			8	
	8				5		
		3					8
				1	7		

❶ ❷ ❸ ❹ ❺ ❻ ❼ ❽

DEKOBOKO
8×8
15

所要時間

分

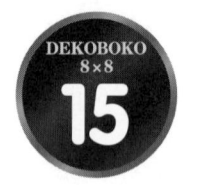

答え：254p

8				3			
					4		
		3		7			
							3
3		6				7	
	8				6		
				5		4	
			1				2

① ② ③ ④ ⑤ ⑥ ⑦ ⑧

デコボコ・ナンプレ 8×8

16
DEKOBOKO 8×8

所要時間　　分

答え：254p

		6		8			
			5				
2					1		
	5						3
		8				6	
			6				1
	2			3			
					4		

① ② ③ ④ ⑤ ⑥ ⑦ ⑧

DEKOBOKO 8×8

17

所要時間

分

答え：254p

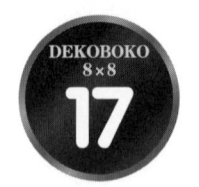

3			2				
		5					7
	6			4			
2					6		
		6		2			3
			4				
						7	
	8			1			

1 2 3 4 5 6 7 8

DEKOBOKO
8×8

18

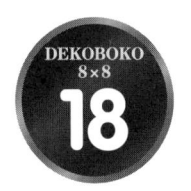

所要時間

分

答え：254p

		8			5		
						7	
4					7		1
			2				
				3			5
7		5					
	1						
		2		6			

1 2 3 4 5 6 7 8

DEKOBOKO
8×8

19

所要時間

分

答え：254p

	8				5		
1				6			
					7		4
	4					3	
5		1					
				7			6
		2				5	

① ② ③ ④ ⑤ ⑥ ⑦ ⑧

デコボコ・ナンプレ 8×8

DEKOBOKO 8×8 — 20

所要時間　分

答え：255p

5			7				4
	2					5	
				1			
		8		2	3		
							7
	3			8			
		2				4	
							6

① ② ③ ④ ⑤ ⑥ ⑦ ⑧

問題を解きながら、応用技を学ぼう！

STEP ①

左上角のヒント2の影響で、グレーのマスのいずれかに2が入ることがわかります。それによって☆には2が入らないこともわかりました。

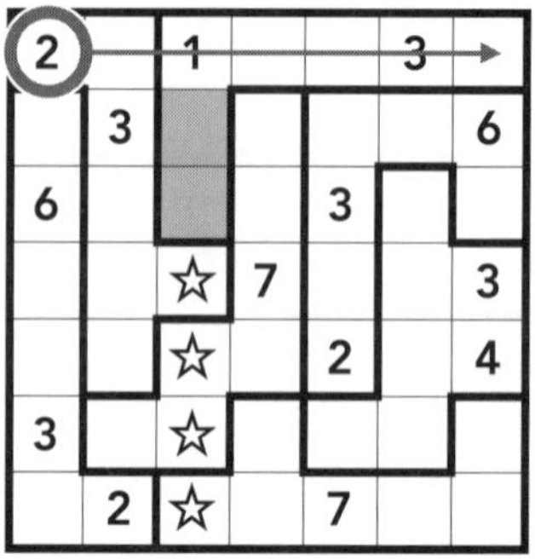

STEP ②

STEP1とヒントの影響で、グレーのマスのいずれかに2が入ることがわかります。その配置は図ア、または図イになります。

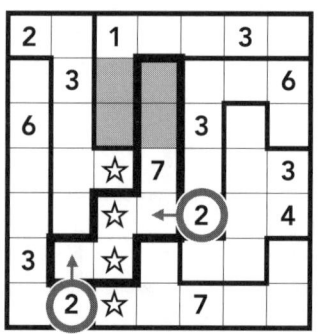

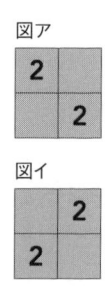

STEP ③

グレーのマスの2の配置がSTEP2の図ア、または図イのいずれになっても、実線の矢印で示した下方向や、点線の矢印で示した右方向には2は使えません。そのことと、一番下の行にある2の影響を合わせると、まず最初に下から2行目で2が入るマスが決まり、次にその影響で中央の行で2が入るマスが決まります。

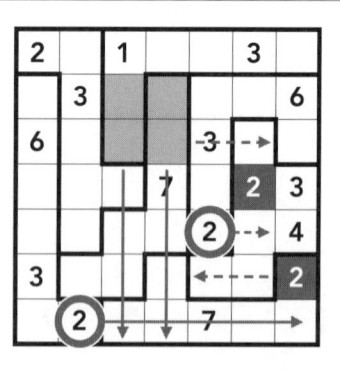

STEP ④

いくつかのマスが入って進行したところです。グレーのブロックでは、4のヒントの影響で3つの☆のいずれかが4でないとルールを満たしません。もし★=4だとすると、その影響でグレーのブロック内ではどのマスにも4を使えず、ルールを満たすことができません。このことから、★は4ではないことがわかります。

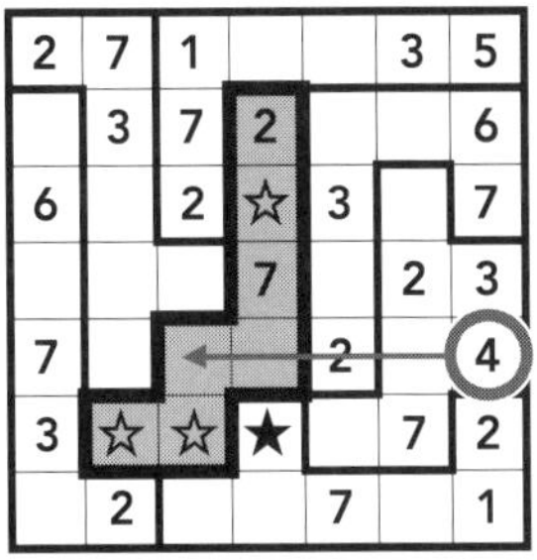

STEP ⑤

★は4ではないことがわかりました。そこで★が属する太枠のブロックに注目。するとa、b、cいずれかが4とわかります。ここで、a、b、cのどれが4と決められなくても、a、b、cが属するヨコの行ではもう4が使えず、左下角の×は4ではないことがわかります。

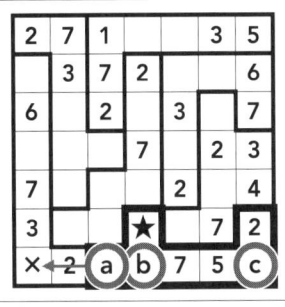

STEP ⑥

左下角の×は4ではないことがわかったので、グレーのマスのいずれかに4が入ることになります。とくにⒶ、Ⓑのいずれかが4であるためにその間の2つの☆は4ではないことがわかり、Ⓒ=4と決定しました。

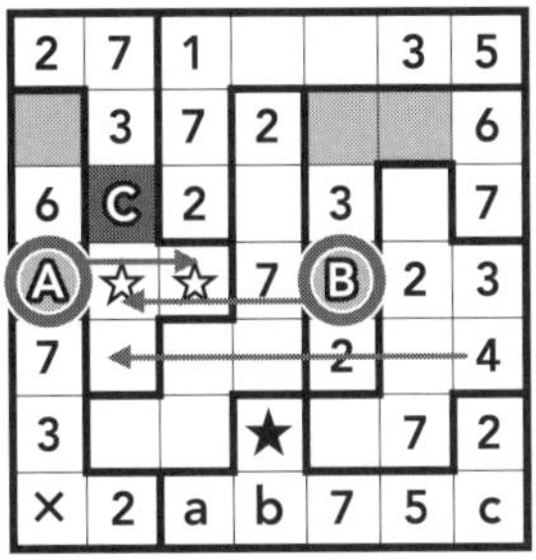

STEP ⑦

さらに、いくつかのマスが入って進行したところです。左下角のⒶは同じヨコの行のグレーとは違う数字ですね。またⒷは属するブロックのグレーとは違う数字ですね。グレーが共通していることからⒶ=Ⓑとわかります。またⒷから出ている矢印に注目。すると、Ⓑ=Ⓒとなります。ここまでをまとめるとⒶ=Ⓑ=Ⓒとなります。それぞれの候補を合わせて考えると、Ⓐ=Ⓑ=Ⓒ=5と決まります。

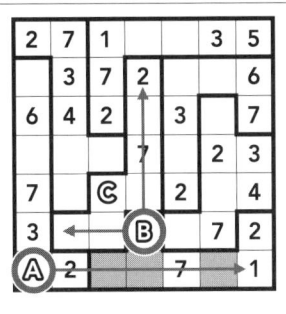

DEKOBOKO 9×9

1

所要時間　　　分

答え：255p

9			7		8		4	
		6					1	
	5							
3				1				9
			2				3	
4					7			2
							9	
5	8			4		3		
			8		6			1

❶　❷　❸　❹　❺　❻　❼　❽　❾

DEKOBOKO 9×9 — 2

所要時間　　　分

答え：255p

6			5		7			2
		9					6	
	7			6			9	
8			1					
		4			6			
7				1		8		
					9		3	
	8	5				1	2	
4								

❶ ❷ ❸ ❹ ❺ ❻ ❼ ❽ ❾

DEKOBOKO
9×9
3

所要時間

分

答え：255p

1							6	
			6	8				2
			7				5	
	6	2				4		
	3						1	
						9		
			2		4	5		3
9		1		3				
	9					8		7

1 2 3 4 5 6 7 8 9

DEKOBOKO
9×9

4

所要時間

分

答え：255p

		5		7			3	
	7				5			8
1				3		5		
							1	
5		7						1
	5				1			
		2					9	
7			4			8		
	8			6				

1 2 3 4 5 6 7 8 9

DEKOBOKO
9×9
5

所要時間

分

答え：255p

			2			9		
	9				8		2	
	5					3		8
			6				7	
3				5				
6			4		9			7
	4	2						
		3				7	1	
			1	6				

1 2 3 4 5 6 7 8 9

超難問ナンプレ 解答

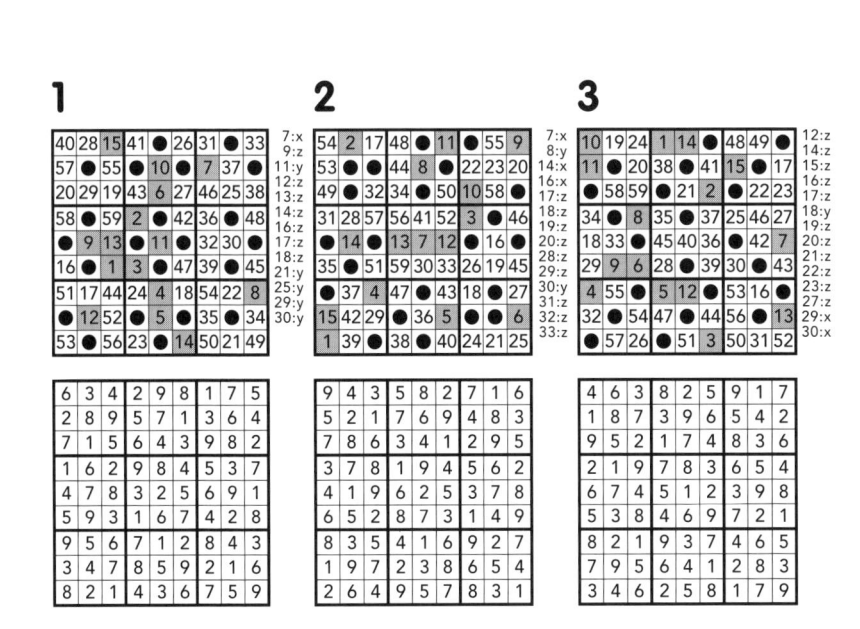

1

40	28	15	41	●	26	31	●	33
57	●	55	●	10	●	7	37	●
20	29	19	43	6	27	46	25	38
58	●	59	2	●	42	36	●	48
9	●	13	●	11	●	32	30	●
16	●	1	3	●	47	39	●	45
51	17	44	24	4	18	54	22	8
●	12	52	●	5	●	35	●	34
53	●	56	23	●	14	50	21	49

6	3	4	2	9	8	1	7	5
2	8	9	5	7	1	3	6	4
7	1	5	6	4	3	9	8	2
1	6	2	9	8	4	5	3	7
4	7	8	3	2	5	6	9	1
5	9	3	1	6	7	4	2	8
9	5	6	7	1	2	8	4	3
3	4	7	8	5	9	2	1	6
8	2	1	4	3	6	7	5	9

2

54	2	17	48	●	11	●	55	9
53	●	●	44	8	●	22	23	20
49	●	32	34	●	50	10	58	●
31	28	57	56	41	52	3	●	46
●	14	●	13	7	12	●	16	●
35	●	51	59	30	33	26	19	45
●	37	4	47	●	43	18	●	27
15	42	29	●	36	5	●	●	6
1	39	●	38	●	40	24	21	25

7:x 8:y 11:y 13:z 14:z 16:z 17:z 18:z 21:y 25:x 29:z 30:y

9	4	3	5	8	2	7	1	6
5	2	1	7	6	9	4	8	3
7	8	6	3	4	1	2	9	5
3	7	8	1	9	4	5	6	2
4	1	9	6	2	5	3	7	8
6	5	2	8	7	3	1	4	9
8	3	5	4	1	6	9	2	7
1	9	7	2	3	8	6	5	4
2	6	4	9	5	7	8	3	1

3

10	19	24	●	1	14	●	48	49
11	●	20	38	●	41	15	●	17
●	58	59	●	21	2	●	22	23
34	●	8	35	●	37	25	46	27
18	33	●	45	40	36	●	42	7
29	9	6	28	●	39	30	●	43
4	55	●	5	12	●	53	16	●
32	●	54	47	●	44	56	●	13
●	57	26	●	51	3	50	31	52

12:z 14:z 15:z 16:z 17:z 18:y 19:z 20:z 21:y 22:z 23:z 27:z 29:z 30:x

4	6	3	8	2	5	9	1	7
1	8	7	3	9	6	5	4	2
9	5	2	1	7	4	8	3	6
2	1	9	7	8	3	6	5	4
6	7	4	5	1	2	3	9	8
5	3	8	4	6	9	7	2	1
8	2	1	9	3	7	4	6	5
7	9	5	6	4	1	2	8	3
3	4	6	2	5	8	1	7	9

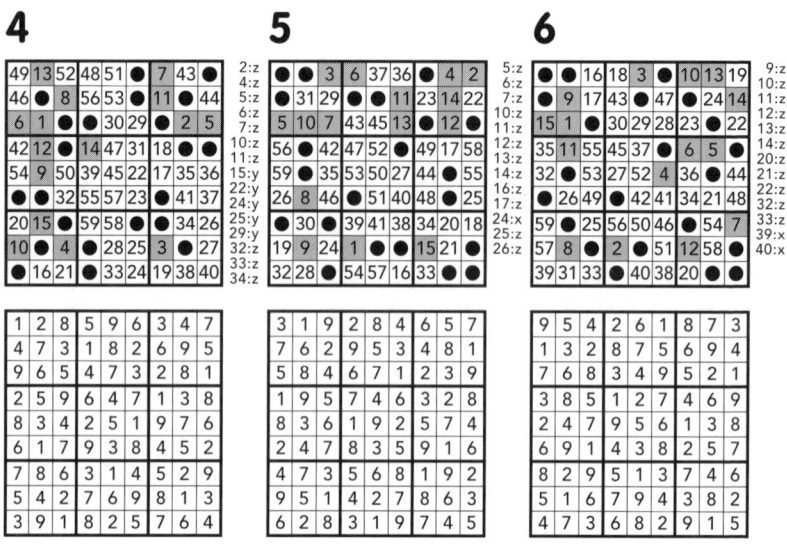

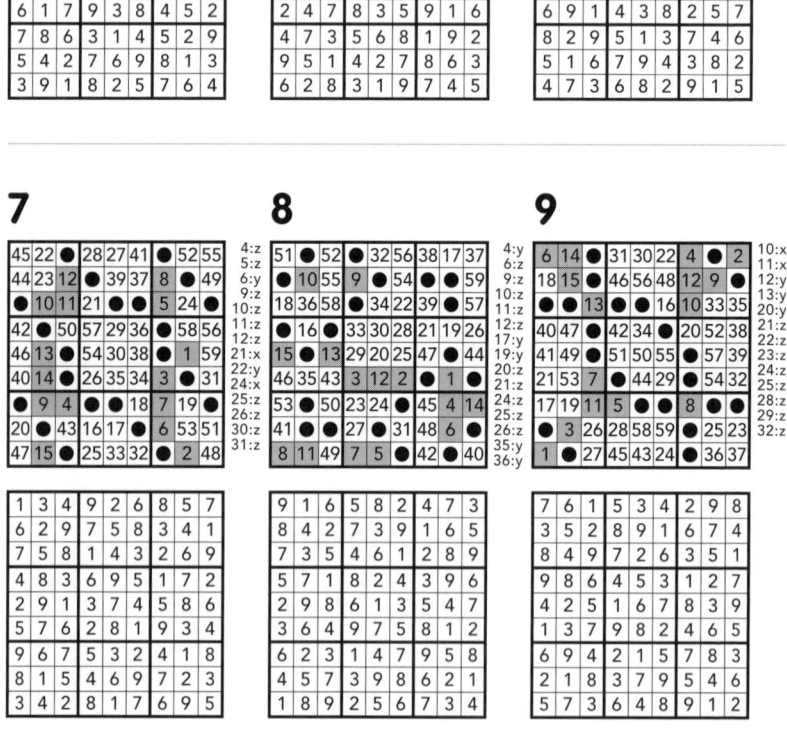

4

49	13	52	48	51	●	7	43	●
46	●	8	56	53	●	11	●	44
6	1	●	●	30	29	●	2	5
42	12	●	14	47	31	18	●	●
54	9	50	39	45	22	17	35	36
●	●	32	55	57	23	●	41	37
20	15	●	59	58	●	●	34	26
10	●	4	●	28	25	3	●	27
●	16	21	●	33	24	19	38	40

2:z, 4:z, 5:z, 6:z, 7:z, 10:z, 11:z, 15:y, 22:y, 24:y, 25:y, 29:z, 32:z, 33:z, 34:z

1	2	8	5	9	6	3	4	7
4	7	3	1	8	2	6	9	5
9	6	5	4	7	3	2	8	1
2	5	9	6	4	7	1	3	8
8	3	4	2	5	1	9	7	6
6	1	7	9	3	8	4	5	2
7	8	6	3	1	4	5	2	9
5	4	2	7	6	9	8	1	3
3	9	1	8	2	5	7	6	4

5

●	●	3	6	37	36	●	4	2
●	31	29	●	●	11	23	14	22
5	10	7	43	45	13	●	12	●
56	●	42	47	52	●	49	17	58
59	●	35	53	50	27	44	●	55
26	8	46	●	51	40	48	●	25
●	30	●	39	41	38	34	20	18
19	9	24	1	●	●	15	21	●
32	28	●	54	57	16	33	●	●

2:z, 4:z, 5:z, 6:z, 7:z, 10:z, 11:z, 12:z, 13:z, 15:z, 16:z, 24:x, 25:z, 26:z

3	1	9	2	8	4	6	5	7
7	6	2	9	5	3	4	8	1
5	8	4	6	7	1	2	3	9
1	9	5	7	4	6	3	2	8
8	3	6	1	9	2	5	7	4
2	4	7	8	3	5	9	1	6
4	7	3	5	6	8	1	9	2
9	5	1	4	2	7	8	6	3
6	2	8	3	1	9	7	4	5

6

●	●	16	18	3	●	10	13	19
●	9	17	43	●	47	●	24	14
15	1	●	30	29	28	23	●	22
35	11	55	45	37	●	6	5	●
32	●	53	27	52	4	36	●	44
●	26	49	●	42	41	34	21	48
59	●	25	56	50	46	●	54	7
57	8	●	2	●	51	12	58	●
39	31	33	●	40	38	20	●	●

5:z, 6:z, 7:z, 10:z, 11:z, 12:z, 13:z, 14:z, 20:z, 21:z, 22:z, 32:z, 33:z, 39:z, 40:x

9	5	4	2	6	1	8	7	3
1	3	2	8	7	5	6	9	4
7	6	8	3	4	9	5	2	1
3	8	5	1	2	7	4	6	9
2	4	7	9	5	6	1	3	8
6	9	1	4	3	8	2	5	7
8	2	9	5	1	3	7	4	6
5	1	6	7	9	4	3	8	2
4	7	3	6	8	2	9	1	5

7

45	22	●	28	27	41	●	52	55
44	23	12	●	39	37	8	●	49
●	10	11	21	●	●	5	24	●
42	●	50	57	29	36	●	58	56
46	13	●	54	30	38	●	1	59
40	14	●	26	35	34	3	●	31
●	9	4	●	●	18	7	19	●
20	●	43	16	17	●	6	53	51
47	15	●	25	33	32	●	2	48

4:z, 5:z, 6:y, 9:z, 10:z, 11:z, 12:z, 21:x, 22:y, 24:x, 25:y, 26:z, 30:z, 31:z

1	3	4	9	2	6	8	5	7
6	2	9	7	5	8	3	4	1
7	5	8	1	4	3	2	6	9
4	8	3	6	9	5	1	7	2
2	9	1	3	7	4	5	8	6
5	7	6	2	8	1	9	3	4
9	6	7	5	3	2	4	1	8
8	1	5	4	6	9	7	2	3
3	4	2	8	1	7	6	9	5

8

51	●	52	●	32	56	38	17	37
●	10	55	9	●	54	●	●	59
18	36	58	●	34	22	39	●	57
●	16	●	33	30	28	21	19	26
15	●	13	29	20	25	47	●	44
46	35	43	3	12	2	●	1	●
53	●	50	23	24	●	45	4	14
41	●	●	27	●	31	48	6	●
8	11	49	7	5	●	42	●	40

4:y, 5:z, 6:y, 9:z, 10:z, 11:z, 12:z, 17:z, 19:y, 20:z, 22:z, 24:z, 25:z, 26:z, 30:z, 31:z, 35:y, 36:y

9	1	6	5	8	2	4	7	3
8	4	2	7	3	9	1	6	5
7	3	5	4	6	1	2	8	9
5	7	1	8	2	4	3	9	6
2	9	8	6	1	3	5	4	7
3	6	4	9	7	5	8	1	2
6	2	3	1	4	7	9	5	8
4	5	7	3	9	8	6	2	1
1	8	9	2	5	6	7	3	4

9

6	14	●	31	30	22	4	●	2
18	15	●	46	56	48	12	9	●
●	●	13	●	●	16	10	33	35
40	47	●	42	34	●	20	52	38
41	49	●	51	50	55	●	57	39
21	53	7	●	44	29	●	54	32
17	19	11	5	●	●	8	●	●
●	3	26	28	58	59	●	25	23
1	●	27	45	43	24	●	36	37

10:x, 11:x, 12:y, 13:y, 17:z, 20:y, 21:z, 22:z, 23:z, 24:z, 25:z, 28:z, 29:z, 32:z

7	6	1	5	3	4	2	9	8
3	5	2	8	9	1	6	7	4
8	4	9	7	2	6	3	5	1
9	8	6	4	5	3	1	2	7
4	2	5	1	6	7	8	3	9
1	3	7	9	8	2	4	6	5
6	9	4	2	1	5	7	8	3
2	1	8	3	7	9	5	4	6
5	7	3	6	4	8	9	1	2

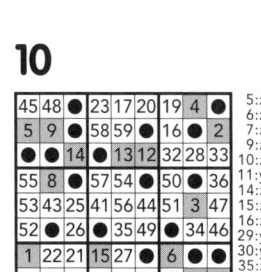

10

45	48	●	23	17	20	19	4	●
5	9	●	58	59	●	16	●	2
●	●	14	●	13	12	32	28	33
55	8	●	57	54	●	50	●	36
53	43	25	41	56	44	51	3	47
52	●	26	●	35	49	●	34	46
1	22	21	15	27	●	6	●	●
39	●	30	●	40	38	●	7	10
●	42	18	37	24	11	●	29	31

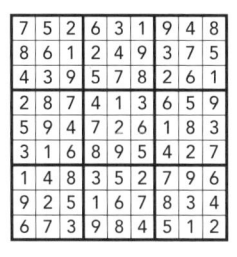

5:z 6:z 7:z 9:z 10:z 11:y 14:z 15:z 16:z 29:y 30:y 35:z 36:z

7	5	2	6	3	1	9	4	8
8	6	1	2	4	9	3	7	5
4	3	9	5	7	8	2	6	1
2	8	7	4	1	3	6	5	9
5	9	4	7	2	6	1	8	3
3	1	6	8	9	5	4	2	7
1	4	8	3	5	2	7	9	6
9	2	5	1	6	7	8	3	4
6	7	3	9	8	4	5	1	2

11

51	50	9	42	1	●	30	17	44
35	●	●	●	34	13	5	●	12
32	●	11	33	●	40	●	18	47
55	●	23	58	31	27	56	19	●
10	20	●	2	15	24	●	4	14
●	54	52	57	36	6	59	●	29
48	8	●	39	●	22	28	●	45
49	●	53	38	25	●	●	●	41
46	37	21	●	3	43	16	7	26

5:z 6:z 7:z 9:z 10:z 11:y 14:z 15:z 16:z 29:y 30:y 35:z 36:z

1	3	7	5	2	9	8	4	6
6	5	2	8	3	4	7	1	9
8	4	9	1	7	6	2	3	5
4	2	5	9	8	3	1	6	7
9	8	6	7	5	1	3	2	4
7	1	3	4	6	2	9	5	8
5	7	1	3	4	8	6	9	2
2	9	4	6	1	7	5	8	3
3	6	8	2	9	5	4	7	1

12

24	●	23	●	●	28	12	10	4
●	14	21	31	53	57	●	●	20
26	18	●	46	47	32	●	13	●	22
●	38	30	●	41	52	56	43	19
●	40	35	36	39	49	54	44	●
16	29	37	48	55	●	50	34	●
8	●	2	42	45	33	●	5	7
3	●	●	51	59	58	6	1	●
11	25	27	●	9	●	●	17	●	15

3:z 4:z 8:z 9:z 10:z 11:z 12:z 29:z 30:z 31:z 32:z 33:z 34:z

3	4	9	1	6	2	8	7	5
5	1	8	9	7	4	3	2	6
2	6	7	5	3	8	1	9	4
6	8	3	4	1	7	9	5	2
9	5	4	8	2	6	7	1	3
1	7	2	3	9	5	6	4	8
7	3	6	2	5	1	4	8	9
8	2	1	6	4	9	5	3	7
4	9	5	7	8	3	2	6	1

13

18	●	13	1	10	●	11	●	17
●	2	35	●	●	43	31	16	●
22	15	39	37	41	46	●	9	33
25	●	23	44	48	30	29	8	●
26	●	53	54	57	47	58	●	24
14	49	56	55	45	59	●	27	●
7	4	●	50	52	51	28	12	32
●	3	21	42	●	●	36	5	●
20	●	19	●	34	40	38	●	6

2:z 3:z 4:z 5:z 16:y 17:z 22:z 23:z 24:z 27:z 29:z 30:z

2	1	7	5	3	8	9	4	6
5	3	8	9	4	6	1	2	7
9	4	6	1	2	7	5	3	8
4	6	3	2	8	1	7	5	9
1	2	9	7	6	5	3	8	4
8	7	5	3	9	4	6	1	2
6	5	4	8	7	3	2	9	1
7	9	1	4	5	2	8	6	3
3	8	2	6	1	9	4	7	5

14

16	●	11	20	21	22	●	56	54
●	2	6	30	32	●	8	10	9
43	48	45	●	●	4	15	12	●
44	42	●	●	24	55	5	●	53
51	40	●	26	57	34	●	50	46
28	●	47	27	1	●	●	31	29
●	49	52	36	●	●	13	17	18
39	38	41	●	58	59	7	35	●
37	19	●	3	25	23	14	●	33

7:y 8:z 9:z 10:z 11:z 12:y 14:y 15:z 17:z 18:z 20:y 23:z 25:z 29:x 30:y

3	7	9	8	2	1	6	4	5
4	5	6	7	9	3	2	1	8
8	1	2	4	5	6	3	7	9
1	2	5	6	8	7	9	3	4
7	6	3	1	4	9	8	5	2
9	8	4	2	3	5	1	6	7
5	4	1	9	6	2	7	8	3
6	9	8	3	7	4	5	2	1
2	3	7	5	1	8	4	9	6

15

45	30	47	59	●	57	34	13	●
27	5	12	●	18	●	3	●	26
46	49	●	24	●	32	36	15	42
52	●	28	56	23	58	51	●	25
●	16	●	19	8	17	●	9	●
50	●	48	55	22	53	54	●	33
35	29	37	14	●	41	●	10	11
2	●	1	●	20	●	21	7	●
●	44	40	31	●	39	43	4	38

5:x 6:x 7:z 9:x 17:x 21:x 22:y 24:z 25:z 27:x 30:z 31:z 32:z 33:z

2	9	7	8	4	3	6	5	1
6	3	5	2	1	7	8	4	9
1	4	8	9	5	6	2	3	7
4	2	6	5	7	8	1	9	3
3	5	9	6	2	1	4	7	8
7	8	1	3	9	4	5	2	6
9	6	4	7	8	2	3	1	5
8	7	3	1	6	5	9	2	4
5	1	2	4	3	9	7	8	6

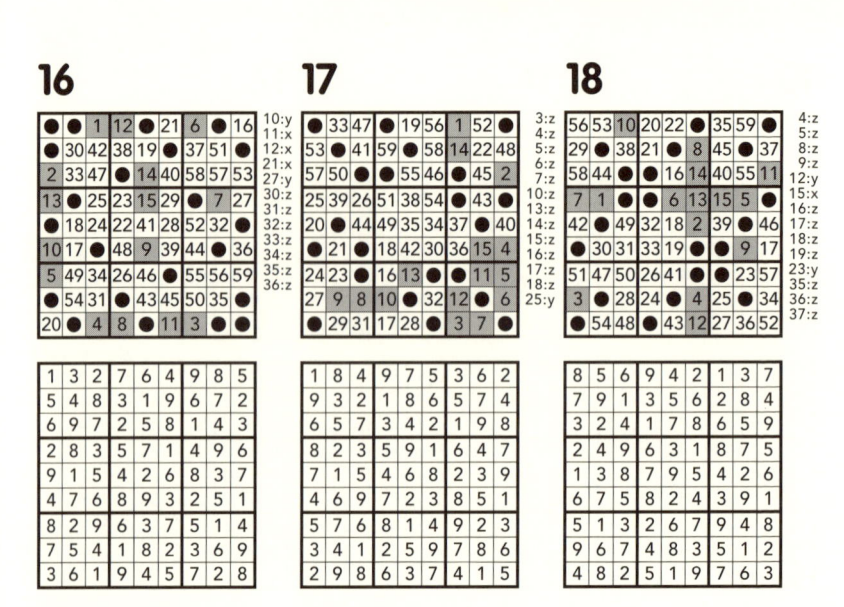

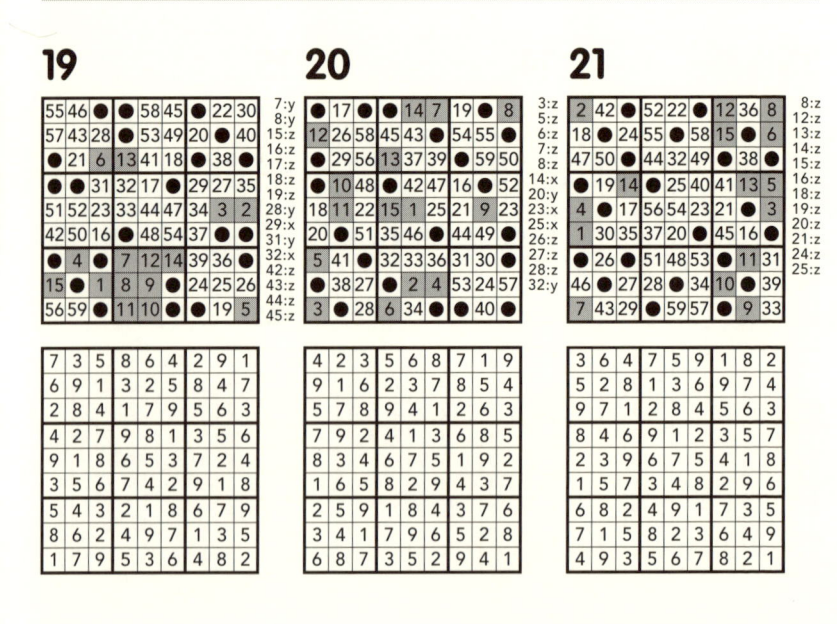

16

●	●	1	12	●	21	6	●	16
●	30	42	38	19	●	37	51	●
2	33	47	●	14	40	58	57	53
13	●	25	23	15	29	●	7	27
●	18	24	22	41	28	52	32	●
10	17	●	48	9	39	44	●	36
5	49	34	26	46	●	55	56	59
●	54	31	●	43	45	50	35	●
20	●	4	8	●	11	3	●	●

10:y 11:x 12:x 21:x 27:y 30:z 31:z 32:z 33:z 34:z 35:z 36:z

1	3	2	7	6	4	9	8	5
5	4	8	3	1	9	6	7	2
6	9	7	2	5	8	1	4	3
2	8	3	5	7	1	4	9	6
9	1	5	4	2	6	8	3	7
4	7	6	8	9	3	2	5	1
8	2	9	6	3	7	5	1	4
7	5	4	1	8	2	3	6	9
3	6	1	9	4	5	7	2	8

17

●	33	47	●	19	56	1	52	●
53	●	41	59	●	58	14	22	48
57	50	●	●	55	46	●	45	2
25	39	26	51	38	54	●	43	●
20	●	44	49	35	34	37	●	40
●	21	●	18	42	30	36	15	4
24	23	●	16	13	●	●	11	5
27	9	8	10	●	32	12	●	6
●	29	31	17	28	●	3	7	●

10:z 13:z 14:z 15:z 16:z 17:z 18:z 25:y

1	8	4	9	7	5	3	6	2
9	3	2	1	8	6	5	7	4
6	5	7	3	4	2	1	9	8
8	2	3	5	9	1	6	4	7
7	1	5	4	6	8	2	3	9
4	6	9	7	2	3	8	5	1
5	7	6	8	1	4	9	2	3
3	4	1	2	5	9	7	8	6
2	9	8	6	3	7	4	1	5

18

56	53	10	20	22	●	35	59	●
29	●	38	21	●	8	45	●	37
58	44	●	●	16	14	40	55	11
7	1	●	●	6	13	15	5	●
42	●	49	32	18	2	39	●	46
●	30	31	33	19	●	●	9	17
51	47	50	26	41	●	●	23	57
3	●	28	24	●	4	25	●	34
●	54	48	●	43	12	27	36	52

3:z 4:z 5:z 8:z 9:z 12:y 15:x 16:z 17:z 18:z 19:z 23:y 35:z 36:z 37:z

8	5	6	9	4	2	1	3	7
7	9	1	3	5	6	2	8	4
3	2	4	1	7	8	6	5	9
2	4	9	6	3	1	8	7	5
1	3	8	7	9	5	4	2	6
6	7	5	8	2	4	3	9	1
5	1	3	2	6	7	9	4	8
9	6	7	4	8	3	5	1	2
4	8	2	5	1	9	7	6	3

19

55	46	●	●	58	45	●	22	30
57	43	28	●	53	49	20	●	40
●	21	6	13	41	18	●	38	●
●	●	31	32	17	●	29	27	35
51	52	23	33	44	47	34	3	2
42	50	16	●	48	54	37	●	●
●	4	●	7	12	14	39	36	●
15	●	1	8	9	●	24	25	26
56	59	●	11	10	●	●	19	5

7:y 8:y 15:z 16:z 17:z 18:z 19:z 28:y 29:x 31:y 32:x 42:z 43:z 44:z 45:z

7	3	5	8	6	4	2	9	1
6	9	1	3	2	5	8	4	7
2	8	4	1	7	9	5	6	3
4	2	7	9	8	1	3	5	6
9	1	8	6	5	3	7	2	4
3	5	6	7	4	2	9	1	8
5	4	3	2	1	8	6	7	9
8	6	2	4	9	7	1	3	5
1	7	9	5	3	6	4	8	2

20

●	17	●	●	14	7	19	●	8
12	26	58	45	43	●	54	55	●
●	29	56	13	37	39	●	59	50
●	10	48	●	42	47	16	●	52
18	11	22	15	1	25	21	9	23
20	●	51	35	46	●	44	49	●
5	41	●	32	33	36	31	30	●
●	38	27	●	2	4	53	24	57
3	●	28	6	34	●	●	40	●

3:z 5:z 6:z 7:z 8:z 14:x 20:y 23:x 25:x 26:z 27:z 28:z 32:y

4	2	3	5	6	8	7	1	9
9	1	6	2	3	7	8	5	4
5	7	8	9	4	1	2	6	3
7	9	2	4	1	3	6	8	5
8	3	4	6	7	5	1	9	2
1	6	5	8	2	9	4	3	7
2	5	9	1	8	4	3	7	6
3	4	1	7	9	6	5	2	8
6	8	7	3	5	2	9	4	1

21

2	42	●	●	52	22	●	12	36	8
18	●	24	55	●	58	15	●	6	
47	50	●	44	32	49	●	●	38	●
●	19	14	●	25	40	41	13	5	
4	●	17	56	54	23	21	●	3	
1	30	35	37	20	●	45	16	●	
●	26	●	51	48	53	●	11	31	
46	●	27	28	●	34	10	●	39	
7	43	29	●	59	57	●	9	33	

8:z 12:z 13:z 14:z 15:z 16:z 18:z 19:z 20:z 21:z 24:z 25:z

3	6	4	7	5	9	1	8	2
5	2	8	1	3	6	9	7	4
9	7	1	2	8	4	5	6	3
8	4	6	9	1	2	3	5	7
2	3	9	6	7	5	4	1	8
1	5	7	3	4	8	2	9	6
6	8	2	4	9	1	7	3	5
7	1	5	8	2	3	6	4	9
4	9	3	5	6	7	8	2	1

22

17	●	16	22	11	19	32	30	●
●	18	49	●	●	51	57	●	47
44	29	31	26	●	54	55	52	2
37	●	4	●	10	25	45	33	50
1	●	●	20	12	21	●	●	5
35	8	9	24	7	●	58	●	59
56	34	48	38	●	3	40	27	42
15	●	46	14	●	●	43	13	●
●	28	41	36	6	23	39	●	53

7:y
8:y
11:y
13:z
14:z
15:z
17:z
18:z
19:z
20:x
21:x
22:z
23:z
27:z

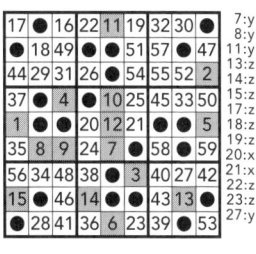

23

5	51	●	●	8	46	●	30	57	●
31	54	38	●	34	41	10	11	25	
●	56	●	22	28	●	49	13	47	
3	●	6	1	58	●	●	55	●	
44	52	18	29	23	50	59	42	35	
●	26	●	●	19	4	●	●	7	
39	20	32	●	45	53	●	24	●	
48	21	27	14	36	●	12	33	37	
●	40	17	●	43	2	●	16	15	

1:z
2:z
3:z
4:z
5:z
6:z
7:z
8:z
9:z
14:z
15:z
16:z
17:z
18:z

24

19	●	30	45	48	39	16	27	42
●	9	29	52	●	49	15	●	20
28	10	●	18	43	●	17	●	41
8	●	12	●	53	51	●	4	6
●	46	2	47	38	36	7	24	●
3	50	●	25	44	●	1	●	26
59	●	37	●	54	57	●	21	33
58	●	32	55	●	56	13	5	●
31	11	40	34	22	23	14	●	35

4:z
5:z
6:z
8:z
9:z
11:z
12:z
15:y
18:z
29:x
31:z
32:z
44:y
45:y

6	1	7	5	3	8	2	9	4
9	5	3	7	2	4	6	8	1
4	8	2	6	9	1	3	5	7
8	4	9	1	7	6	5	2	3
1	3	6	8	5	2	7	4	9
2	7	5	3	4	9	8	1	6
3	2	1	9	8	7	4	6	5
7	9	8	4	6	5	1	3	2
5	6	4	2	1	3	9	7	8

3	6	1	7	5	4	2	8	9
4	5	9	8	2	6	7	1	3
2	8	7	3	9	1	5	4	6
6	9	2	1	8	7	3	5	4
1	7	3	9	4	5	8	6	2
5	4	8	6	3	2	9	7	1
9	3	6	5	1	8	4	2	7
7	2	5	4	6	3	1	9	8
8	1	4	2	7	9	6	3	5

5	1	6	4	9	2	3	8	7
2	4	7	3	8	6	1	9	5
8	9	3	5	7	1	6	4	2
1	8	2	7	4	9	5	3	6
4	3	5	6	2	8	7	1	9
7	6	9	1	3	5	4	2	8
9	7	1	2	6	4	8	5	3
6	5	8	9	1	3	2	7	4
3	2	4	8	5	7	9	6	1

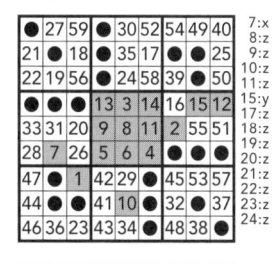

25

●	27	59	●	30	52	54	49	40
21	●	18	●	35	17	●	●	25
22	19	56	●	24	58	39	●	50
●	●	●	13	3	14	16	15	12
33	31	20	9	8	11	2	55	51
28	7	26	5	6	4	●	●	●
47	●	1	42	29	●	45	53	57
44	●	●	41	10	●	32	●	37
46	36	23	43	34	●	48	38	●

7:x
8:z
9:z
10:z
11:z
15:y
17:z
18:z
19:z
20:z
21:z
22:z
23:z
24:z

26

4	50	●	39	●	40	59	●	58
26	27	21	43	18	●	33	●	●
●	44	3	●	7	35	29	1	55
15	20	●	34	19	36	41	●	28
●	23	56	37	16	49	53	52	●
22	●	57	51	17	30	●	46	54
24	25	14	12	10	●	5	13	●
●	●	11	●	8	47	32	31	42
6	●	9	38	●	45	●	48	2

9:z
10:z
11:z
12:z
14:z
18:y
19:y
20:z
21:z
27:z
28:z
33:y
34:x

27

55	32	●	47	●	56	38	14	59
8	●	1	42	5	●	34	21	●
57	30	●	51	●	54	7	●	58
●	43	40	35	48	37	53	16	●
24	●	18	50	11	46	17	●	13
●	49	36	33	45	39	52	15	●
29	●	25	41	●	44	●	22	12
●	3	23	●	9	2	19	●	6
4	27	28	26	●	31	●	20	10

5:z
6:z
8:z
9:z
10:z
11:z
12:z
13:z
15:z
16:z
17:z
18:z
19:x
24:z
25:z

1	4	9	5	7	3	6	8	2
7	3	5	6	8	2	4	9	1
2	8	6	4	1	9	5	7	3
6	9	8	3	5	7	2	1	4
5	7	3	1	2	4	9	6	8
4	1	2	8	9	6	3	5	7
8	2	1	9	4	5	7	3	6
9	6	7	2	3	8	1	4	5
3	5	4	7	6	1	8	2	9

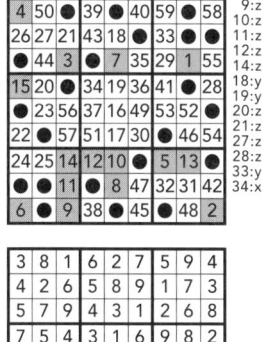

3	8	1	6	2	7	5	9	4
4	2	6	5	8	9	1	7	3
5	7	9	4	3	1	2	6	8
7	5	4	3	1	6	9	8	2
2	1	8	9	7	5	4	3	6
6	9	3	8	4	2	7	1	5
1	4	7	2	6	3	8	5	9
8	6	5	7	9	4	3	2	1
9	3	2	1	5	8	6	4	7

1	4	8	2	6	5	9	7	3
7	5	2	9	8	3	4	6	1
3	6	9	1	7	4	8	2	5
4	1	5	7	2	8	3	9	6
8	2	6	4	3	9	1	5	7
9	3	7	6	5	1	2	8	4
6	7	3	8	4	2	5	1	9
2	9	4	5	1	7	6	3	8
5	8	1	3	9	6	7	4	2

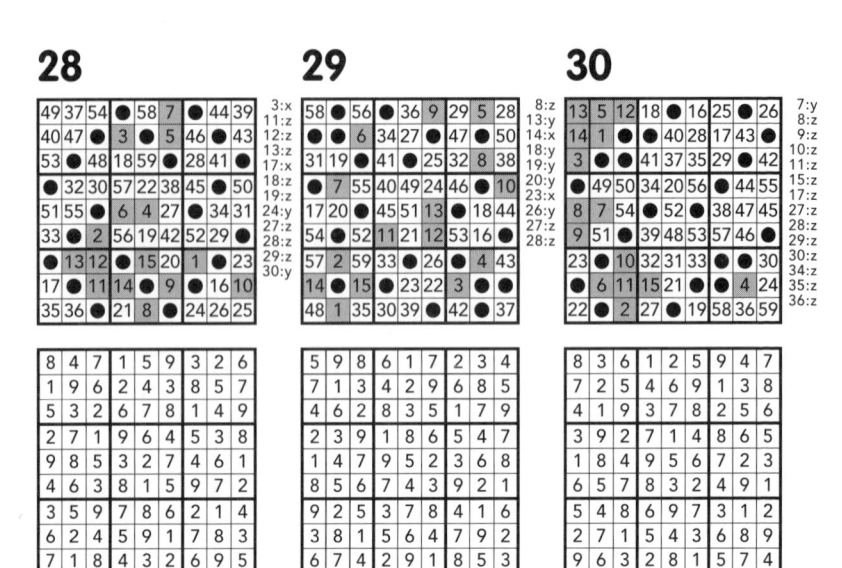

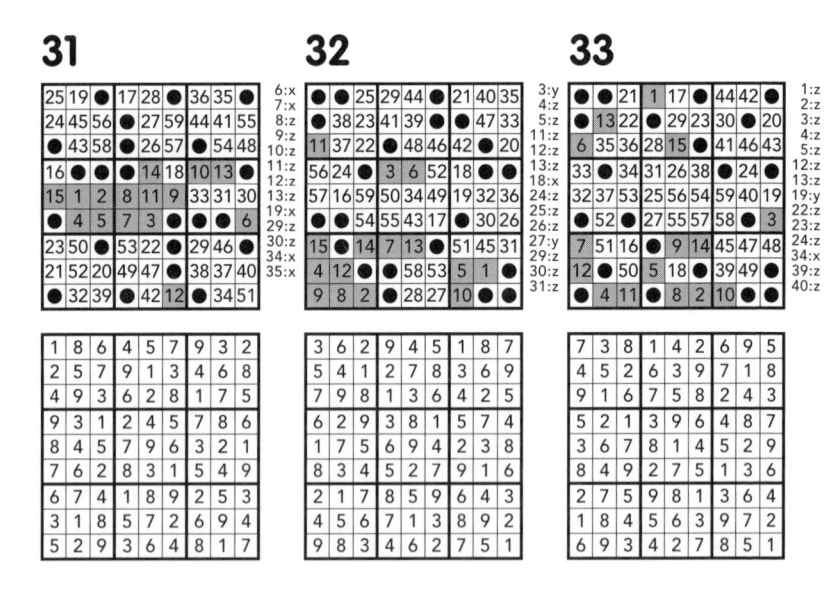

28

49	37	54	●	58	7	●	44	39
40	47	●	3	●	5	46	●	43
53	●	48	18	59	●	28	41	●
●	32	30	57	22	38	45	●	50
51	55	●	6	4	27	●	34	31
33	●	2	56	19	42	52	29	●
●	13	12	●	15	20	1	●	23
17	●	11	14	●	9	●	16	10
35	36	●	21	8	●	24	26	25

3:x
11:z
12:z
13:z
17:z
18:z
19:z
24:y
26:y
27:z
28:z
29:z
30:y

8	4	7	1	5	9	3	2	6
1	9	6	2	4	3	8	5	7
5	3	2	6	7	8	1	4	9
2	7	1	9	6	4	5	3	8
9	8	5	3	2	7	4	6	1
4	6	3	8	1	5	9	7	2
3	5	9	7	8	6	2	1	4
6	2	4	5	9	1	7	8	3
7	1	8	4	3	2	6	9	5

29

58	●	56	●	36	9	29	5	28
●	●	6	34	27	●	47	●	50
31	19	●	41	●	25	32	8	38
●	7	55	40	49	24	46	●	10
17	20	●	45	51	13	●	18	44
54	●	52	11	21	12	53	16	●
57	2	59	33	●	26	●	4	43
14	●	15	●	23	22	●	3	●
48	1	35	30	39	●	42	●	37

8:z
13:y
14:x
18:y
20:y
23:x
26:y
27:z
28:z

5	9	8	6	1	7	2	3	4
7	1	3	4	2	9	6	8	5
4	6	2	8	3	5	1	7	9
2	3	9	1	8	6	5	4	7
1	4	7	9	5	2	3	6	8
8	5	6	7	4	3	9	2	1
9	2	5	3	7	8	4	1	6
3	8	1	5	6	4	7	9	2
6	7	4	2	9	1	8	5	3

30

13	5	12	18	●	16	25	●	26
14	1	●	●	40	28	17	43	●
3	●	●	41	37	35	29	●	42
●	49	50	34	20	56	●	44	55
8	7	54	●	52	●	38	47	45
9	51	●	39	48	53	57	46	●
23	●	10	32	31	33	●	●	30
●	6	11	15	21	●	●	4	24
22	●	2	27	●	19	58	36	59

7:y
8:z
9:z
10:z
11:z
15:z
17:z
27:z
28:z
29:z
30:z
34:z
35:z
36:z

8	3	6	1	2	5	9	4	7
7	2	5	4	6	9	1	3	8
4	1	9	3	7	8	2	5	6
3	9	2	7	1	4	8	6	5
1	8	4	9	5	6	7	2	3
6	5	7	8	3	2	4	9	1
5	4	8	6	9	7	3	1	2
2	7	1	5	4	3	6	8	9
9	6	3	2	8	1	5	7	4

31

25	19	●	17	28	●	36	35	●
24	45	56	●	27	59	44	41	55
●	43	58	●	26	57	●	54	48
16	●	●	●	14	18	10	13	●
15	1	2	8	11	9	33	31	30
●	4	5	7	3	●	●	●	●
23	50	●	53	22	●	29	46	●
21	52	20	49	47	●	38	37	40
●	32	39	●	42	12	●	34	51

6:x
7:x
8:z
9:z
10:z
11:z
12:z
13:z
19:x
29:z
30:y
34:x
35:x

1	8	6	4	5	7	9	3	2
2	5	7	9	1	3	4	6	8
4	9	3	6	2	8	1	7	5
9	3	1	2	4	5	7	8	6
8	4	5	7	9	6	3	2	1
7	6	2	8	3	1	5	4	9
6	7	4	1	8	9	2	5	3
3	1	8	5	7	2	6	9	4
5	2	9	3	6	4	8	1	7

32

●	●	25	29	44	●	21	40	35
●	38	23	41	39	●	●	47	33
11	37	22	●	48	46	42	●	20
56	24	●	3	6	52	18	●	●
57	16	59	50	34	49	19	32	36
●	●	54	55	43	17	●	30	26
15	●	14	7	13	●	51	45	31
4	12	●	●	58	53	5	1	●
9	8	2	●	28	27	10	●	●

3:y
4:z
5:z
11:z
12:z
13:z
18:x
24:z
25:z
26:z
27:y
29:z
30:z
31:z

3	6	2	9	4	5	1	8	7
5	4	1	2	7	8	3	6	9
7	9	8	1	3	6	4	2	5
6	2	9	3	8	1	5	7	4
1	7	5	6	9	4	2	3	8
8	3	4	5	2	7	9	1	6
2	1	7	8	5	9	6	4	3
4	5	6	7	1	3	8	9	2
9	8	3	4	6	2	7	5	1

33

●	●	21	1	17	●	44	42	●
●	13	22	●	29	23	30	●	20
6	35	36	28	15	●	41	46	43
33	●	34	31	26	38	●	24	●
32	37	53	25	56	54	59	40	19
●	52	●	27	55	57	58	●	3
7	51	16	●	9	14	45	47	48
12	●	50	5	18	●	39	49	●
●	4	11	●	8	2	10	●	●

1:z
2:z
3:z
4:z
5:z
12:z
13:z
19:y
22:z
23:z
24:z
34:z
39:z
40:z

7	3	8	1	4	2	6	9	5
4	5	2	6	3	9	7	1	8
9	1	6	7	5	8	2	4	3
5	2	1	3	9	6	4	8	7
3	6	7	8	1	4	5	2	9
8	4	9	2	7	5	1	3	6
2	7	5	9	8	1	3	6	4
1	8	4	5	6	3	9	7	2
6	9	3	4	2	7	8	5	1

34

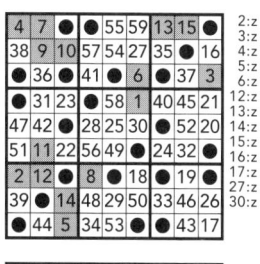

4	7	●	●	55	59	13	15	●
38	9	10	57	54	27	35	●	16
●	36	●	41	●	6	●	37	3
●	31	23	●	58	1	40	45	21
47	42	●	28	25	30	●	52	20
51	11	22	56	49	●	24	32	●
2	12	●	8	●	18	●	19	●
39	●	14	48	29	50	33	46	26
●	44	5	34	53	●	●	43	17

2:z 3:z 4:z 5:z 6:z 12:z 13:z 14:z 15:z 16:z 17:z 27:z 30:z

8	7	9	3	2	5	4	6	1
1	2	5	4	9	6	3	7	8
6	3	4	1	8	7	2	9	5
2	8	7	5	4	3	9	1	6
9	1	3	6	7	8	5	4	2
4	5	6	2	1	9	7	8	3
5	6	8	7	3	4	1	2	9
3	4	1	9	6	2	8	5	7
7	9	2	8	5	1	6	3	4

35

2	23	●	35	32	31	●	28	34
14	●	20	36	25	●	6	●	33
●	26	●	30	58	59	●	29	21
4	●	52	41	45	●	47	1	7
●	13	51	37	57	55	44	10	●
9	19	54	●	48	50	12	●	3
42	15	●	38	39	43	●	18	●
11	●	24	●	53	56	8	●	16
49	22	●	46	40	27	●	17	5

11:z 12:z 14:z 15:z 16:z 19:z 20:z 21:z 30:y 31:y 37:y 38:y

2	5	4	7	3	9	1	8	6
3	7	1	6	5	8	4	2	9
9	8	6	1	2	4	3	7	5
4	2	7	8	9	6	5	1	3
1	6	5	2	4	3	8	9	7
8	9	3	5	7	1	6	4	2
6	3	2	4	8	7	9	5	1
5	4	9	3	1	2	7	6	8
7	1	8	9	6	5	2	3	4

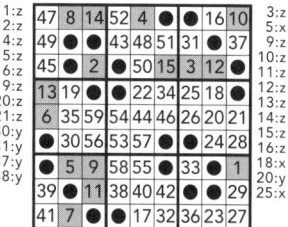

36

47	8	14	52	4	●	●	16	10
49	●	●	43	48	51	31	●	37
45	●	2	●	50	15	3	12	●
13	19	●	●	22	34	25	18	●
6	35	59	54	44	46	26	20	21
●	30	56	53	57	●	●	24	28
●	5	9	58	55	●	33	●	1
39	●	11	38	40	42	●	●	29
41	7	●	●	17	32	36	23	27

3:z 5:x 9:z 10:z 11:z 12:z 13:z 14:z 15:z 16:z 18:x 20:y 25:x

9	1	5	8	6	7	4	3	2
8	2	6	4	5	3	1	9	7
4	3	7	1	9	2	6	5	8
5	4	1	6	7	8	9	2	3
6	9	3	2	1	5	8	7	4
7	8	2	9	3	4	5	6	1
2	6	4	3	8	9	7	1	5
3	5	9	7	4	1	2	8	6
1	7	8	5	2	6	3	4	9

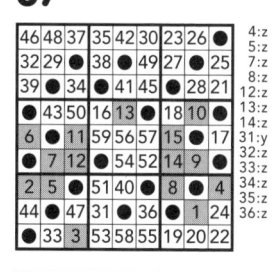

37

46	48	37	35	42	30	23	26	●
32	29	●	38	●	49	27	●	25
39	●	34	●	41	45	●	28	21
●	43	50	16	13	●	18	10	●
6	●	11	59	56	57	15	●	17
●	7	12	●	54	52	14	9	●
2	5	●	51	40	●	8	●	4
44	●	47	31	●	36	●	1	24
●	33	3	53	58	55	19	20	22

4:z 5:z 7:z 8:z 12:z 13:z 14:z 31:y 32:z 33:z 34:z 35:z 36:z

4	5	2	6	9	7	1	3	8
8	3	1	2	4	5	7	9	6
6	7	9	3	8	1	5	2	4
3	9	5	7	2	8	4	6	1
1	6	8	4	5	3	2	7	9
2	4	7	9	1	6	3	8	5
7	1	3	5	6	9	8	4	2
9	8	4	1	7	2	6	5	3
5	2	6	8	3	4	9	1	7

38

4	10	●	36	33	35	20	11	●
43	●	40	●	2	●	5	●	9
●	8	1	22	●	3	18	6	17
55	●	29	56	47	38	59	●	45
37	7	●	34	49	52	●	12	42
51	●	54	57	44	41	58	●	39
28	14	27	25	●	26	15	19	●
50	●	46	●	31	●	24	●	23
●	16	30	32	53	48	●	21	13

5:z 6:z 7:y 8:z 9:z 11:z 12:z 30:z 31:z 32:z 33:z 34:z 37:z 38:z

3	8	1	7	9	6	2	4	5
7	2	9	3	5	4	1	6	8
5	6	4	2	8	1	3	7	9
6	3	2	8	1	7	5	9	4
9	7	5	6	4	2	8	1	3
1	4	8	5	3	9	6	2	7
2	1	3	4	7	8	9	5	6
8	9	7	1	6	5	4	3	2
4	5	6	9	2	3	7	8	1

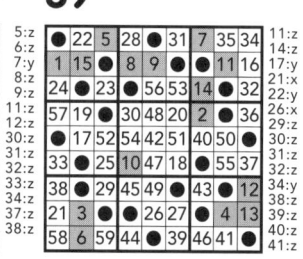

39

●	22	5	28	●	31	7	35	34
1	15	●	8	9	●	●	11	16
24	●	23	●	56	53	14	●	32
57	19	●	30	48	20	2	●	36
●	17	52	54	42	51	40	50	●
33	●	25	10	47	18	●	55	37
38	●	29	45	49	●	43	●	12
21	3	●	●	26	27	●	4	13
58	6	59	44	●	39	46	41	●

11:z 14:z 17:y 21:x 22:y 26:x 29:z 30:z 31:z 32:z 34:y 38:z 39:z 40:z 41:z

3	7	2	9	4	6	8	1	5
1	9	6	8	2	5	3	7	4
8	5	4	1	7	3	9	2	6
7	6	3	5	9	8	2	4	1
2	4	9	3	1	7	5	6	8
5	1	8	2	6	4	7	3	9
6	8	5	4	3	2	1	9	7
4	2	1	7	5	9	6	8	3
9	3	7	6	8	1	4	5	2

40

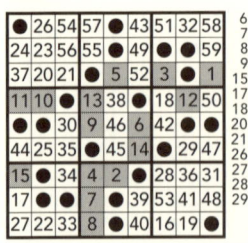

●	26	54	57	●	43	51	32	58
24	23	56	55	●	49	●	●	59
37	20	21	●	5	52	3	●	1
11	10	●	13	38	●	18	12	50
●	●	30	9	46	6	42	●	●
44	25	35	●	45	14	●	29	47
15	●	34	4	2	●	28	36	31
17	●	●	7	●	39	53	41	48
27	22	33	8	●	40	16	19	●

6:x
7:z
8:z
9:z
15:z
17:z
18:z
20:x
21:x
26:y
27:z
28:z
29:z

1	3	8	5	4	6	2	9	7
4	9	7	2	1	8	6	3	5
6	2	5	3	9	7	4	8	1
9	1	2	7	6	3	5	4	8
5	8	6	1	2	4	3	7	9
7	4	3	9	8	5	1	6	2
8	7	1	4	3	2	9	5	6
2	6	4	8	5	9	7	1	3
3	5	9	6	7	1	8	2	4

41

35	●	49	28	27	●	8	20	58
45	17	●	32	9	25	●	21	53
31	●	56	●	24	22	52	●	51
6	10	●	33	●	36	15	16	●
54	18	46	●	2	●	59	12	57
●	13	5	11	●	14	●	55	48
34	●	40	1	39	●	3	●	47
23	44	●	26	37	29	●	43	38
42	41	7	●	4	30	19	●	50

2	3	6	7	8	4	5	1	9
8	4	1	9	5	2	7	3	6
7	5	9	6	1	3	2	4	8
5	8	7	1	2	9	3	6	4
6	1	3	5	4	7	9	8	2
9	2	4	8	3	6	1	7	5
1	6	8	2	7	5	4	9	3
4	7	2	3	9	8	6	5	1
3	9	5	4	6	1	8	2	7

42

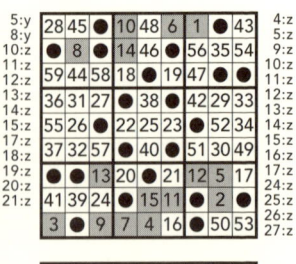

28	45	●	10	48	6	1	●	43
●	8	●	14	46	●	56	35	54
59	44	58	18	●	19	47	●	●
36	31	27	●	38	●	42	29	33
55	26	●	22	25	23	●	52	34
37	32	57	●	40	●	51	30	49
●	●	13	20	●	21	12	5	17
41	39	24	●	15	11	●	2	●
3	●	9	7	4	16	●	50	53

4:z
5:z
9:z
10:z
11:z
12:z
13:z
14:z
15:z
16:z
17:z
24:z
25:z
26:z
27:z

4	1	9	6	5	3	2	8	7
2	3	8	4	1	7	5	9	6
5	7	6	8	2	9	1	3	4
3	2	1	5	8	6	7	4	9
6	4	7	2	9	1	8	5	3
8	9	5	3	7	4	6	2	1
1	5	4	9	6	2	3	7	8
7	8	3	1	4	5	9	6	2
9	6	2	7	3	8	4	1	5

43

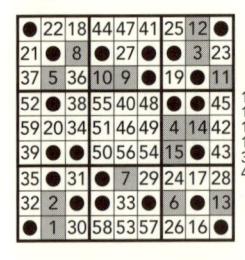

●	22	18	44	47	41	25	12	●
21	●	8	●	27	●	●	3	23
37	5	36	10	9	●	19	●	11
52	●	38	55	40	48	●	●	45
59	20	34	51	46	49	4	14	42
39	●	50	56	54	15	●	43	
35	●	31	●	7	29	24	17	28
32	2	●	33	●	6	●	13	
●	1	30	58	53	57	26	16	●

2:z
3:z
5:z
6:z
8:z
12:z
13:z
18:z
19:z
39:z
40:z

2	6	3	8	7	4	9	5	1
4	7	1	5	9	3	2	8	6
5	9	8	2	1	6	4	3	7
1	2	5	9	4	8	7	6	3
9	3	7	6	5	1	8	2	4
6	8	4	3	2	7	1	9	5
8	1	2	4	3	5	6	7	9
7	5	6	1	8	9	3	4	2
3	4	9	7	6	2	5	1	8

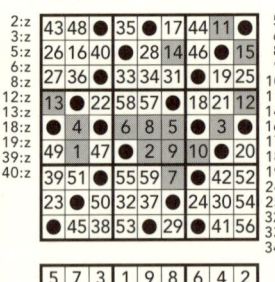

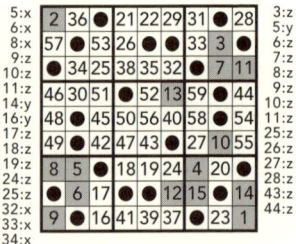

44

43	48	●	35	●	17	44	11	●
26	16	40	●	28	14	46	●	15
27	36	●	33	34	31	●	19	25
13	●	22	58	57	●	18	21	12
●	4	●	6	8	5	●	3	●
49	1	47	●	2	9	10	●	20
39	51	●	55	59	7	●	42	52
23	●	50	32	37	●	24	30	54
●	45	38	53	●	29	●	41	56

5:x
6:x
8:x
9:z
10:z
11:z
14:y
16:y
17:z
19:z
24:z
32:x
33:x
34:x

5	7	3	1	9	8	6	4	2
8	9	6	7	2	4	5	1	3
2	1	4	6	5	3	7	9	8
3	6	9	4	8	5	2	7	1
1	2	8	9	3	7	4	5	6
7	4	5	2	6	1	3	8	9
6	8	2	5	4	9	1	3	7
9	5	7	3	1	6	8	2	4
4	3	1	8	7	2	9	6	5

45

2	36	●	21	22	29	31	●	28
57	●	53	26	●	●	33	3	●
●	34	25	38	35	32	●	7	11
46	30	51	●	52	13	59	●	44
48	●	45	50	56	40	58	●	54
49	●	42	47	43	●	27	10	55
8	5	●	18	19	24	4	20	●
●	6	17	●	●	12	15	●	14
9	●	16	41	39	37	●	23	1

3:z
5:z
6:y
7:z
8:z
9:z
10:z
11:z
25:z
26:z
27:z
28:z
43:z
44:z

7	4	9	8	1	3	5	2	6
8	1	2	5	7	6	4	3	9
6	5	3	9	2	4	7	1	8
4	3	8	2	9	7	6	5	1
9	7	1	3	6	5	8	4	2
2	6	5	1	4	8	9	7	3
1	2	4	7	8	9	3	6	5
5	9	6	4	3	1	2	8	7
3	8	7	6	5	2	1	9	4

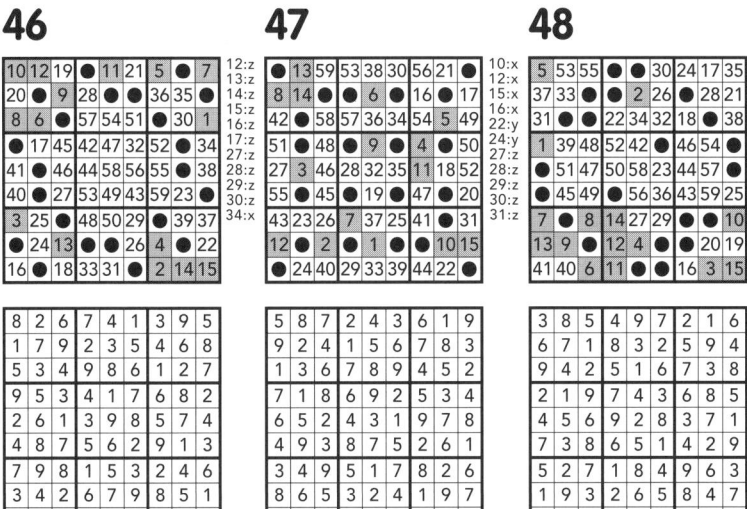

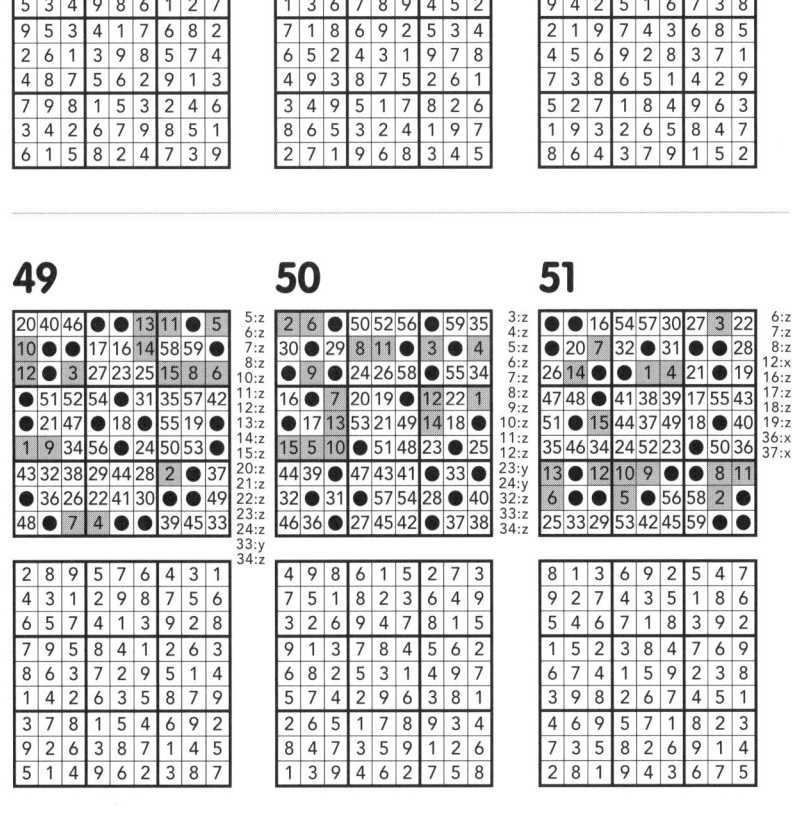

46

10	12	19	●	11	21	5	●	7
20	●	9	28	●	●	36	35	●
8	6	●	57	54	51	●	30	1
●	17	45	42	47	32	52	●	34
41	●	46	44	58	56	55	●	38
40	●	27	53	49	43	59	23	●
3	25	●	48	50	29	●	39	37
●	24	13	●	●	26	4	●	22
16	●	18	33	31	●	2	14	15

12:z
13:z
14:z
15:z
16:z
17:z
27:z
28:z
29:z
30:z
34:x

8	2	6	7	4	1	3	9	5
1	7	9	2	3	5	4	6	8
5	3	4	9	8	6	1	2	7
9	5	3	4	1	7	6	8	2
2	6	1	3	9	8	5	7	4
4	8	7	5	6	2	9	1	3
7	9	8	1	5	3	2	4	6
3	4	2	6	7	9	8	5	1
6	1	5	8	2	4	7	3	9

47

●	13	59	53	38	30	56	21	●
8	14	●	●	6	●	16	●	17
42	●	58	57	36	34	54	5	49
51	●	48	●	9	●	4	●	50
27	3	46	28	32	35	11	18	52
55	●	45	●	19	●	47	●	20
43	23	26	●	7	37	25	41	●	31
12	●	2	●	1	●	●	10	15
●	24	40	29	33	39	44	22	●

10:x
12:x
15:x
16:x
22:y
24:y
27:z
28:z
29:z
30:z
31:z

5	8	7	2	4	3	6	1	9
9	2	4	1	5	6	7	8	3
1	3	6	7	8	9	4	5	2
7	1	8	6	9	2	5	3	4
6	5	2	4	3	1	9	7	8
4	9	3	8	7	5	2	6	1
3	4	9	5	1	7	8	2	6
8	6	5	3	2	4	1	9	7
2	7	1	9	6	8	3	4	5

48

5	53	55	●	●	30	24	17	35
37	33	●	●	2	26	●	28	21
31	●	●	22	34	32	18	●	19
1	39	48	52	42	●	46	54	●
●	51	47	50	58	23	44	57	●
●	45	49	●	56	36	43	59	25
7	●	8	14	27	29	●	●	10
13	9	●	12	4	●	●	20	19
41	40	6	11	●	●	16	3	15

7:y
8:z
9:z
10:z
13:z
14:z
15:z
18:z
22:z
23:z
24:z
25:z
42:z

3	8	5	4	9	7	2	1	6
6	7	1	8	3	2	5	9	4
9	4	2	5	1	6	7	3	8
2	1	9	7	4	3	6	8	5
4	5	6	9	2	8	3	7	1
7	3	8	6	5	1	4	2	9
5	2	7	1	8	4	9	6	3
1	9	3	2	6	5	8	4	7
8	6	4	3	7	9	1	5	2

49

20	40	46	●	●	13	11	●	5
10	●	●	17	16	14	58	59	●
12	●	3	27	23	25	15	8	6
●	51	52	54	●	31	35	57	42
●	21	47	●	18	●	55	19	●
1	9	34	56	●	24	50	53	●
43	32	38	29	44	28	2	●	37
●	36	26	22	41	30	●	●	49
48	●	7	4	●	●	39	45	33

5:z
6:z
7:z
8:z
10:z
11:z
12:z
13:z
14:z
15:z
20:z
21:z
22:z
23:z
24:z
33:y
34:z

2	8	9	5	7	6	4	3	1
4	3	1	2	9	8	7	5	6
6	5	7	4	1	3	9	2	8
7	9	5	8	4	1	2	6	3
8	6	3	7	2	9	5	1	4
1	4	2	6	3	5	8	7	9
3	7	8	1	5	4	6	9	2
9	2	6	3	8	7	1	4	5
5	1	4	9	6	2	3	8	7

50

2	6	●	50	52	56	●	59	35
30	●	29	8	11	●	3	4	●
●	9	●	24	26	58	●	55	34
16	●	7	20	19	●	12	22	1
●	17	13	53	21	49	14	18	●
15	5	10	●	51	48	23	●	25
44	39	●	47	43	41	●	33	●
32	●	31	●	57	54	28	●	40
46	36	●	27	45	42	●	37	38

3:z
4:z
5:z
6:z
7:z
8:z
9:z
10:z
11:z
12:z
23:y
24:y
33:z
34:z

4	9	8	6	1	5	2	7	3
7	5	1	8	2	3	6	4	9
3	2	6	9	4	7	8	1	5
9	1	3	7	8	4	5	6	2
6	8	2	5	3	1	4	9	7
5	7	4	2	9	6	3	8	1
2	6	5	1	7	8	9	3	4
8	4	7	3	5	9	1	2	6
1	3	9	4	6	2	7	5	8

51

●	●	16	54	57	30	27	3	22
●	20	7	32	●	31	●	●	28
26	14	●	●	1	4	21	●	19
47	48	●	41	38	39	17	55	43
51	●	15	44	37	49	18	●	40
35	46	34	24	52	23	●	50	36
13	●	12	10	9	●	●	8	11
6	●	●	5	●	56	58	2	●
25	33	29	53	42	45	59	●	●

6:z
7:z
8:z
12:x
16:z
17:z
18:z
19:z
36:x
37:x

8	1	3	6	9	2	5	4	7
9	2	7	4	3	5	1	8	6
5	4	6	7	1	8	3	9	2
1	5	2	3	8	4	7	6	9
6	7	4	1	5	9	2	3	8
3	9	8	2	6	7	4	5	1
4	6	9	5	7	1	8	2	3
7	3	5	8	2	6	9	1	4
2	8	1	9	4	3	6	7	5

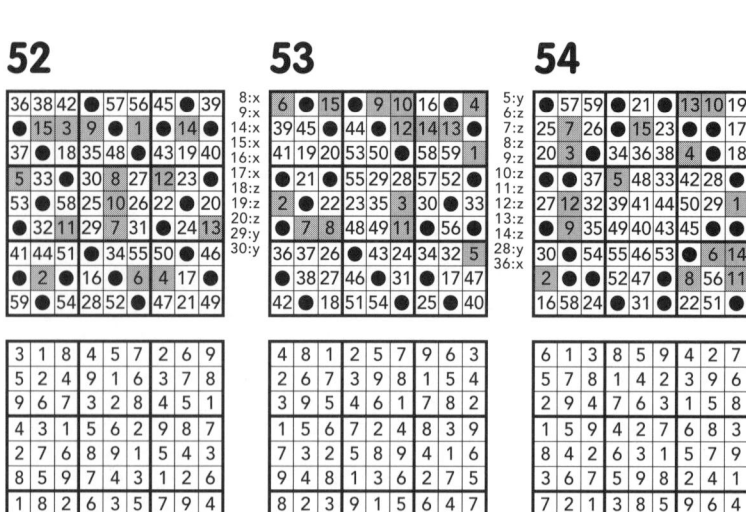

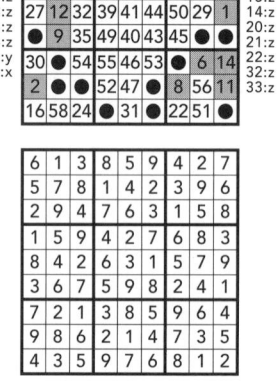

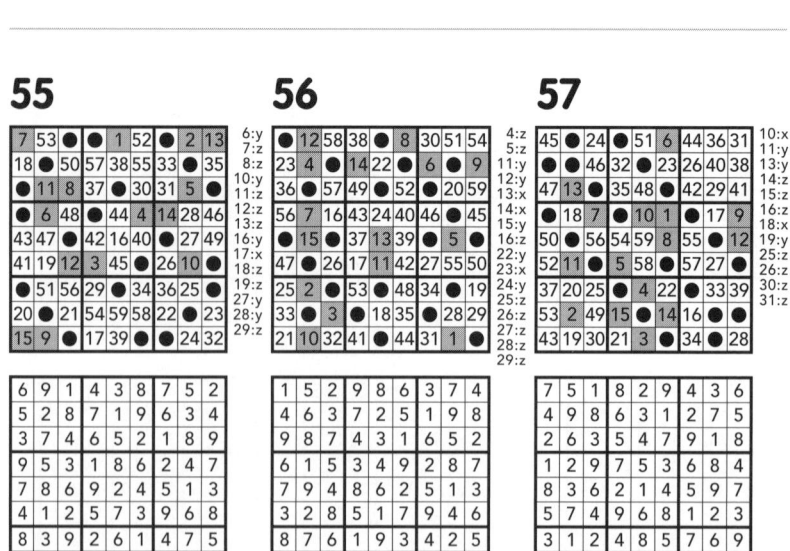

52

36	38	42	●	57	56	45	●	39
●	15	3	9	●	1	●	14	●
37	●	18	35	48	●	43	19	40
5	33	●	30	8	27	12	23	●
53	●	58	25	10	26	22	●	20
●	32	11	29	7	31	●	24	13
41	44	51	●	34	55	50	●	46
●	2	●	16	●	6	4	17	●
59	●	54	28	52	●	47	21	49

8:x
9:x
14:x
15:x
16:x
17:x
18:z
19:y
20:z
29:y
30:y

3	1	8	4	5	7	2	6	9
5	2	4	9	1	6	3	7	8
9	6	7	3	2	8	4	5	1
4	3	1	5	6	2	9	8	7
2	7	6	8	9	1	5	4	3
8	5	9	7	4	3	1	2	6
1	8	2	6	3	5	7	9	4
7	9	3	2	8	4	6	1	5
6	4	5	1	7	9	8	3	2

53

6	●	15	●	9	10	16	●	4
39	45	●	44	●	12	14	13	●
41	19	20	53	50	●	58	59	1
●	21	●	55	29	28	57	52	●
2	●	22	23	35	3	30	●	33
●	7	8	48	49	11	●	56	●
36	37	26	●	43	24	34	32	5
●	38	27	46	●	31	●	17	47
42	●	18	51	54	●	25	●	40

5:y
6:z
7:z
8:z
9:z
10:z
11:z
12:z
13:z
14:z
28:y
36:x

4	8	1	2	5	7	9	6	3
2	6	7	3	9	8	1	5	4
3	9	5	4	6	1	7	8	2
1	5	6	7	2	4	8	3	9
7	3	2	5	8	9	4	1	6
9	4	8	1	3	6	2	7	5
8	2	3	9	1	5	6	4	7
5	1	4	6	7	2	3	9	8
6	7	9	8	4	3	5	2	1

54

●	57	59	●	21	●	13	10	19
25	7	26	●	15	23	●	●	17
20	3	●	34	36	38	4	●	18
●	●	37	5	48	33	42	28	●
27	12	32	39	41	44	50	29	1
●	9	35	49	40	43	45	●	●
30	●	54	55	46	53	●	6	14
2	●	●	52	47	●	8	56	11
16	58	24	●	31	●	22	51	●

7:z
8:z
9:z
10:z
11:z
12:z
13:z
14:z
20:z
21:z
22:z
32:z
33:z

6	1	3	8	5	9	4	2	7
5	7	8	1	4	2	3	9	6
2	9	4	7	6	3	1	5	8
1	5	9	4	2	7	6	8	3
8	4	2	6	3	1	5	7	9
3	6	7	5	9	8	2	4	1
7	2	1	3	8	5	9	6	4
9	8	6	2	1	4	7	3	5
4	3	5	9	7	6	8	1	2

55

7	53	●	●	1	52	●	2	13
18	●	50	57	38	55	33	●	35
●	11	8	37	●	30	31	5	●
●	6	48	●	44	4	14	28	46
43	47	●	42	16	40	●	27	49
41	19	12	3	45	●	26	10	●
●	51	56	29	●	34	36	25	●
20	●	21	54	59	58	22	●	23
15	9	●	●	17	39	●	24	32

6:y
7:z
8:z
10:y
11:z
12:z
13:z
16:y
17:x
18:z
19:y
27:y
28:y
29:z

6	9	1	4	3	8	7	5	2
5	2	8	7	1	9	6	3	4
3	7	4	6	5	2	1	8	9
9	5	3	1	8	6	2	4	7
7	8	6	9	2	4	5	1	3
4	1	2	5	7	3	9	6	8
8	3	9	2	6	1	4	7	5
1	4	5	8	9	7	3	2	6
2	6	7	3	4	5	8	9	1

56

●	12	58	38	●	8	30	51	54
23	4	●	14	22	●	6	●	9
36	●	57	49	●	52	●	20	59
56	7	16	43	24	40	46	●	45
●	15	●	37	13	39	●	5	●
47	●	26	17	11	42	27	55	50
25	2	●	53	●	48	34	●	19
33	●	3	●	18	35	●	28	29
21	10	32	41	●	44	31	1	●

4:z
5:z
11:y
12:y
13:x
14:x
15:x
16:z
17:x
18:z
22:y
23:z
25:z
26:z
27:z
28:z
29:z

1	5	2	9	8	6	3	7	4
4	6	3	7	2	5	1	9	8
9	8	7	4	3	1	6	5	2
6	1	5	3	4	9	2	8	7
7	9	4	8	6	2	5	1	3
3	2	8	5	1	7	9	4	6
8	7	6	1	9	3	4	2	5
2	4	1	6	5	8	7	3	9
5	3	9	2	7	4	8	6	1

57

45	●	24	●	51	6	44	36	31
●	●	46	32	●	23	26	40	38
47	13	●	35	48	●	42	29	41
●	18	7	●	10	1	●	17	9
50	●	56	54	59	8	55	●	12
52	11	●	5	58	●	57	27	●
37	20	25	●	4	22	●	33	39
53	2	49	15	●	14	16	●	●
43	19	30	21	3	●	34	●	28

10:x
11:y
13:y
14:z
15:z
16:z
17:z
18:z
19:y
25:z
26:z
30:z
31:z

7	5	1	8	2	9	4	3	6
4	9	8	6	3	1	2	7	5
2	6	3	5	4	7	9	1	8
1	2	9	7	5	3	6	8	4
8	3	6	2	1	4	5	9	7
5	7	4	9	6	8	1	2	3
3	1	2	4	8	5	7	6	9
6	4	7	3	9	2	8	5	1
9	8	5	1	7	6	3	4	2

58

26	29	24	●	2	14	46	48	44
13	9	●	38	39	●	●	●	10
11	●	7	33	31	30	●	●	12
●	8	21	●	15	22	5	●	4
3	23	55	35	59	34	●	6	56	1
27	●	57	43	58	●	53	37	●
49	●	●	17	36	32	54	●	19
20	●	●	●	45	25	●	42	18
52	28	16	40	41	●	50	51	47

8:x 9:z 10:z 13:z 14:z 21:x 22:x 23:z 24:z 25:z 30:y 34:y 35:z 36:z

1	8	2	5	3	9	6	7	4
9	6	3	7	4	8	1	2	5
5	4	7	6	2	1	3	9	8
7	3	8	2	9	5	4	6	1
4	1	5	3	6	7	9	8	2
2	9	6	1	8	4	5	3	7
6	5	4	9	7	2	8	1	3
3	7	1	8	5	6	2	4	9
8	2	9	4	1	3	7	5	6

59

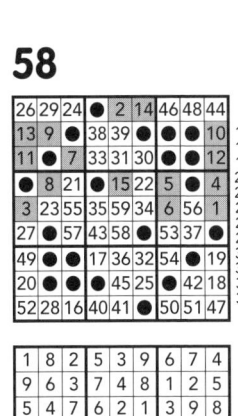

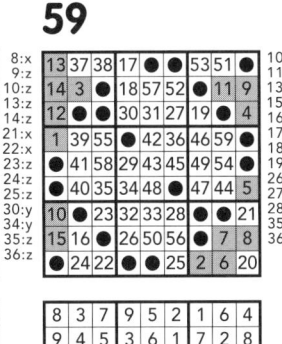

13	37	38	17	●	●	53	51	●
14	3	●	18	57	52	●	11	9
12	●	●	30	31	27	19	●	4
1	39	55	●	42	36	46	59	●
●	41	58	29	43	45	45	49	54	●
●	40	35	34	48	●	47	44	5
10	●	23	32	33	28	●	●	21
15	16	●	26	50	56	●	7	8
●	24	22	●	●	25	2	6	20

10:z 11:z 13:y 15:y 16:z 17:z 18:z 19:z 26:z 27:z 28:z 35:z 36:z

8	3	7	9	5	2	1	6	4
9	4	5	3	6	1	7	2	8
2	6	1	4	8	7	9	3	5
1	7	2	6	9	5	4	8	3
6	5	8	7	4	3	2	1	9
4	9	3	2	1	8	6	5	7
3	1	4	8	2	9	5	7	6
7	2	9	5	3	6	8	4	1
5	8	6	1	7	4	3	9	2

60

29	21	18	●	28	41	57	●	55
43	●	●	5	3	●	47	9	●
46	●	1	31	40	26	●	27	44
●	25	39	56	24	●	45	●	54
10	20	53	59	36	37	49	22	48
17	●	58	●	32	42	50	23	●
11	4	●	8	38	35	2	●	34
●	7	14	●	16	12	●	●	13
15	●	6	19	33	●	52	30	51

7:z 8:z 9:z 11:z 12:z 17:z 18:z 19:z 30:y 31:z 32:z 33:z 34:z

9	5	1	7	3	4	8	6	2
2	3	4	1	6	8	7	9	5
7	8	6	9	2	5	1	3	4
6	7	9	3	5	1	4	2	8
4	1	3	8	9	2	6	5	7
5	2	8	4	7	6	3	1	9
3	6	5	2	4	7	9	8	1
1	4	2	6	8	9	5	7	3
8	9	7	5	1	3	2	4	6

61

22	19	11	●	1	21	●	5	●
30	●	20	49	44	●	47	46	10
32	7	●	34	31	29	●	6	●
●	25	16	●	36	35	27	●	23
58	26	45	55	57	42	28	50	24
59	●	48	56	54	●	41	53	●
●	4	●	40	39	33	●	38	14
17	12	18	●	2	37	43	●	15
●	9	●	52	51	●	3	13	8

8:z 9:z 10:z 12:z 13:z 14:z 15:z 16:x 19:z 20:z 23:z 29:y 35:y 36:x

5	6	8	3	4	7	1	9	2
1	4	7	9	2	6	5	8	3
2	3	9	8	5	1	4	6	7
8	1	4	5	3	2	9	7	6
6	9	3	4	7	8	2	5	1
7	2	5	6	1	9	3	4	8
9	7	1	2	8	5	6	3	4
4	5	2	7	6	3	8	1	9
3	8	6	1	9	4	7	2	5

62

12	46	●	53	●	14	10	18	20
38	52	34	●	43	48	●	●	1
●	9	13	11	15	●	7	●	4
35	●	56	26	49	39	●	47	8
●	36	54	40	37	44	45	50	●
33	41	●	28	32	31	42	●	22
25	●	59	●	51	55	3	21	●
24	●	●	6	5	●	19	16	17
27	29	57	30	●	58	●	23	2

7:z 9:z 10:z 11:z 16:x 17:x 26:x 27:z 28:z 29:z 30:z 31:x 33:x

9	3	6	7	2	8	1	5	4
2	7	4	1	3	5	9	8	6
1	5	8	9	4	6	3	7	2
8	9	1	6	7	2	5	4	3
5	2	7	3	8	4	6	1	9
4	6	3	5	9	1	8	2	7
3	4	9	8	5	7	2	6	1
6	8	2	4	1	3	7	9	5
7	1	5	2	6	9	4	3	8

63

15	13	●	●	29	27	5	1	●
4	●	8	18	17	●	6	●	12
●	10	2	53	●	54	50	51	3
●	32	39	11	40	30	37	●	34
19	35	●	52	57	31	●	59	45
22	●	38	49	58	21	55	56	●
42	7	24	28	●	48	43	47	●
44	●	20	●	46	9	14	●	41
●	23	16	25	26	●	●	33	36

19:z 20:z 22:z 23:z 25:y 32:x 33:x 34:y 41:y

9	8	1	6	7	2	4	3	5
3	7	5	1	9	4	2	8	6
2	6	4	5	3	8	9	1	7
4	2	8	3	1	7	5	6	9
6	1	3	2	5	9	7	4	8
7	5	9	8	4	6	1	2	3
1	3	7	4	6	5	8	9	2
5	4	2	9	8	3	6	7	1
8	9	6	7	2	1	3	5	4

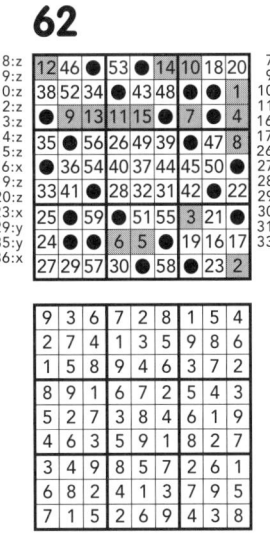

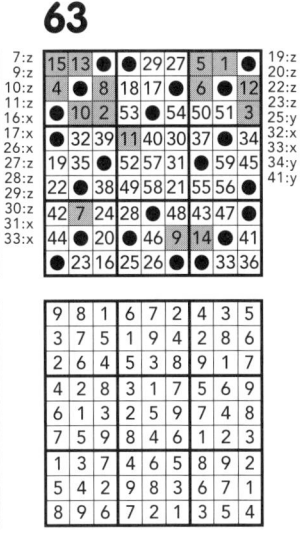

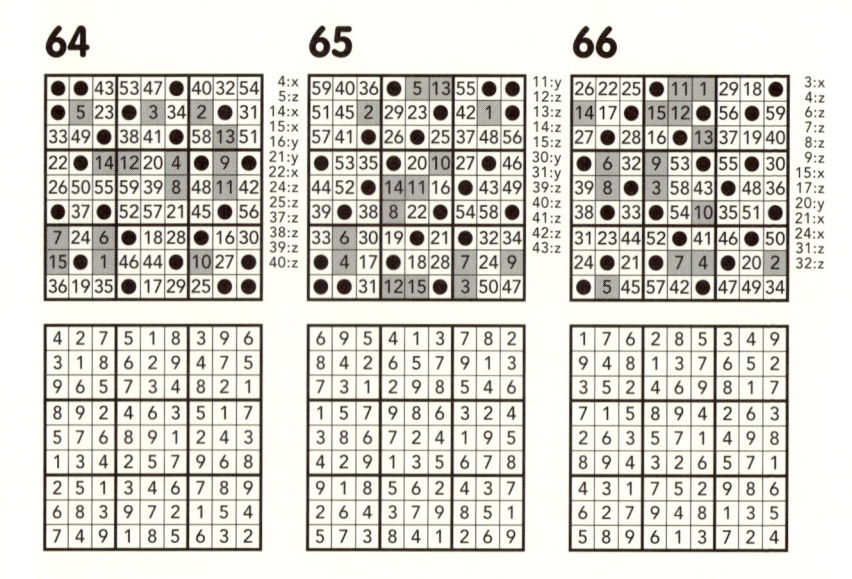

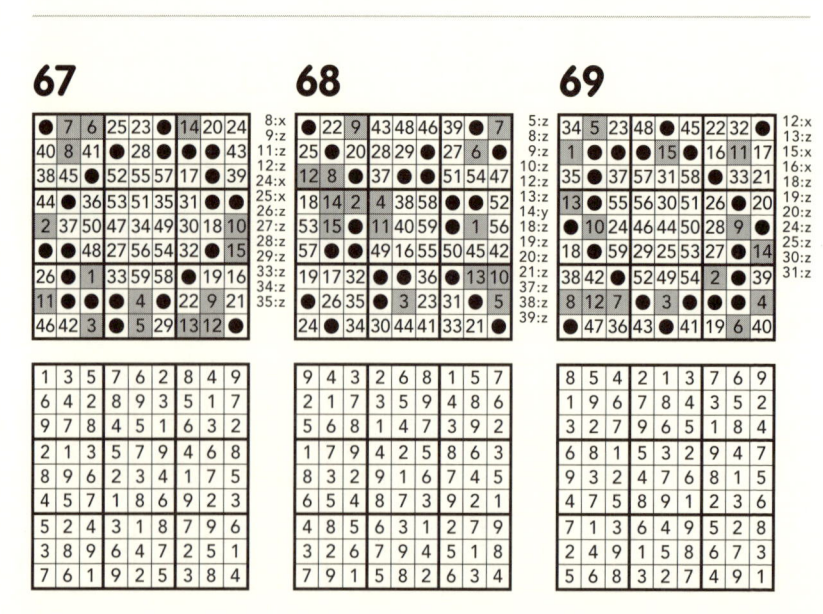

64

4	2	7	5	1	8	3	9	6
3	1	8	6	2	9	4	7	5
9	6	5	7	3	4	8	2	1
8	9	2	4	6	3	5	1	7
5	7	6	8	9	1	2	4	3
1	3	4	2	5	7	9	6	8
2	5	1	3	4	6	7	8	9
6	8	3	9	7	2	1	5	4
7	4	9	1	8	5	6	3	2

65

6	9	5	4	1	3	7	8	2
8	4	2	6	5	7	9	1	3
7	3	1	2	9	8	5	4	6
1	5	7	9	8	6	3	2	4
3	8	6	7	2	4	1	9	5
4	2	9	1	3	5	6	7	8
9	1	8	5	6	2	4	3	7
2	6	4	3	7	9	8	5	1
5	7	3	8	4	1	2	6	9

66

1	7	6	2	8	5	3	4	9
9	4	8	1	3	7	6	5	2
3	5	2	4	6	9	8	1	7
7	1	5	8	9	4	2	6	3
2	6	3	5	7	1	4	9	8
8	9	4	3	2	6	5	7	1
4	3	1	7	5	2	9	8	6
6	2	7	9	4	8	1	3	5
5	8	9	6	1	3	7	2	4

67

1	3	5	7	6	2	8	4	9
6	4	2	8	9	3	5	1	7
9	7	8	4	5	1	6	3	2
2	1	3	5	7	9	4	6	8
8	9	6	2	3	4	1	7	5
4	5	7	1	8	6	9	2	3
5	2	4	3	1	8	7	9	6
3	8	9	6	4	7	2	5	1
7	6	1	9	2	5	3	8	4

68

9	4	3	2	6	8	1	5	7
2	1	7	3	5	9	4	8	6
5	6	8	1	4	7	3	9	2
1	7	9	4	2	5	8	6	3
8	3	2	9	1	6	7	4	5
6	5	4	8	7	3	9	2	1
4	8	5	6	3	1	2	7	9
3	2	6	7	9	4	5	1	8
7	9	1	5	8	2	6	3	4

69

8	5	4	2	1	3	7	6	9
1	9	6	7	8	4	3	5	2
3	2	7	9	6	5	1	8	4
6	8	1	5	3	2	9	4	7
9	3	2	4	7	6	8	1	5
4	7	5	8	9	1	2	3	6
7	1	3	6	4	9	5	2	8
2	4	9	1	5	8	6	7	3
5	6	8	3	2	7	4	9	1

70

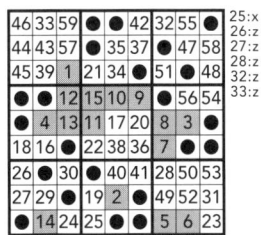

46	33	59	●	●	42	32	55	●
44	43	57	●	35	37	●	47	58
45	39	1	21	34	●	51	●	48
●	●	12	15	10	9	●	56	54
●	4	13	11	17	20	8	3	●
18	16	●	22	38	36	7	●	●
26	●	30	●	40	41	28	50	53
27	29	●	19	2	●	49	52	31
●	14	24	25	●	●	5	6	23

25:x
26:z
27:z
28:z
32:z
33:z

1	5	8	7	6	9	2	4	3
9	6	4	3	1	2	5	7	8
7	2	3	8	5	4	6	9	1
5	1	7	2	9	3	4	8	6
3	9	2	6	4	8	1	5	7
8	4	6	1	7	5	3	2	9
6	3	5	9	2	7	8	1	4
2	8	9	4	3	1	7	6	5
4	7	1	5	8	6	9	3	2

71

19	●	58	44	50	●	●	55	57
27	1	●	18	36	20	32	●	28
26	15	54	●	29	52	30	59	●
24	23	25	12	●	5	●	14	●
9	7	8	●	17	●	56	47	2
●	10	●	43	●	39	35	33	31
●	22	16	37	49	●	45	42	51
21	●	11	38	41	46	●	53	34
6	4	●	●	48	3	40	●	13

4:z
5:z
6:z
7:z
10:z
11:z
12:z
13:z
15:z
16:z
17:z
28:z
36:x

8	4	6	2	7	3	1	9	5
5	3	2	1	6	9	7	8	4
1	9	7	8	4	5	2	6	3
2	8	1	3	9	4	5	7	6
6	5	4	7	1	2	9	3	8
3	7	9	5	8	6	4	1	2
7	2	8	6	5	1	3	4	9
9	6	3	4	2	7	8	5	1
4	1	5	9	3	8	6	2	7

72

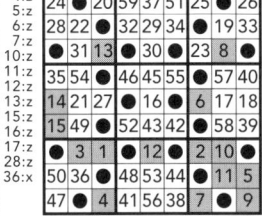

24	●	20	59	37	51	25	●	26
28	22	●	32	29	34	●	19	33
●	31	13	●	30	●	23	8	●
35	54	●	46	45	55	●	57	40
14	21	27	●	16	●	6	17	18
15	49	●	52	43	42	●	58	39
●	3	1	●	12	●	2	10	●
50	36	●	48	53	44	●	11	5
47	●	4	41	56	38	7	●	9

1:z
2:z
3:z
4:z
7:z
8:z
13:x
20:y
21:x
35:z
36:z
37:z

8	2	7	9	6	3	1	5	4
6	4	3	5	7	1	8	2	9
5	1	9	2	8	4	7	3	6
7	6	2	1	5	9	3	4	8
9	8	4	6	3	7	5	1	2
3	5	1	4	2	8	9	6	7
4	3	6	7	9	5	2	8	1
1	7	8	3	4	2	6	9	5
2	9	5	8	1	6	4	7	3

73

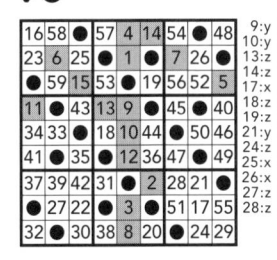

16	58	●	57	4	14	54	●	48
23	6	25	●	1	●	7	26	●
●	59	15	53	●	19	56	52	5
11	●	43	13	9	●	45	●	40
34	33	●	18	10	44	●	50	46
41	●	35	●	12	36	47	●	49
37	39	42	31	●	2	28	21	●
●	27	22	●	3	●	51	17	55
32	●	30	38	8	20	●	24	29

9:y
10:y
13:z
14:z
17:x
18:z
19:z
21:y
24:z
25:x
26:x
27:z
28:z

8	4	1	6	7	9	3	5	2
3	7	2	8	5	4	1	6	9
5	6	9	2	3	1	4	8	7
1	3	8	4	9	6	2	7	5
2	5	7	3	1	8	9	4	6
6	9	4	7	2	5	8	1	3
9	2	6	1	4	7	5	3	8
7	1	3	5	8	2	6	9	4
4	8	5	9	6	3	7	2	1

74

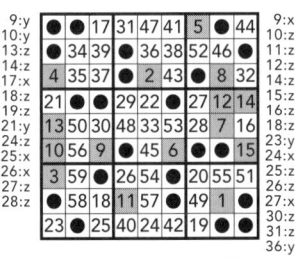

●	●	17	31	47	41	5	●	44
●	34	39	●	36	38	52	46	●
4	35	37	●	2	43	●	8	32
21	●	●	29	22	●	27	12	14
13	50	30	48	33	53	28	7	16
10	56	9	●	45	6	●	●	15
3	59	●	26	54	●	20	55	51
●	58	18	11	57	●	49	1	●
23	●	25	40	24	42	19	●	●

9:x
10:z
11:z
12:z
14:z
15:z
16:z
18:z
23:y
24:x
25:z
26:z
27:x
30:z
31:z
36:y

4	5	8	6	9	7	3	1	2
9	6	2	3	1	4	8	7	5
3	7	1	8	5	2	4	9	6
6	1	3	5	7	8	9	2	4
2	4	7	1	6	9	5	3	8
8	9	5	2	4	3	7	6	1
5	3	4	9	2	6	1	8	7
1	8	6	7	3	5	2	4	9
7	2	9	4	8	1	6	5	3

75

59	15	●	●	6	53	16	●	21
57	●	47	27	●	55	54	19	●
56	51	48	32	●	58	49	26	●
46	50	52	●	23	33	29	●	38
39	37	●	30	25	31	●	22	42
41	●	43	28	24	●	36	20	40
●	14	10	7	●	3	34	1	35
●	12	8	5	●	4	18	●	17
44	●	45	9	2	●	●	13	11

10:z
11:z
12:z
13:z
15:z
16:z
20:z
21:z
26:y
37:z
38:z
46:z
47:z

4	7	1	9	8	6	3	5	2
2	3	9	1	5	4	8	7	6
8	5	6	3	7	2	9	1	4
6	9	5	8	2	7	4	3	1
1	8	4	5	9	3	6	2	7
7	2	3	4	6	1	5	9	8
9	4	7	2	3	8	1	6	5
5	1	2	6	4	9	7	8	3
3	6	8	7	1	5	2	4	9

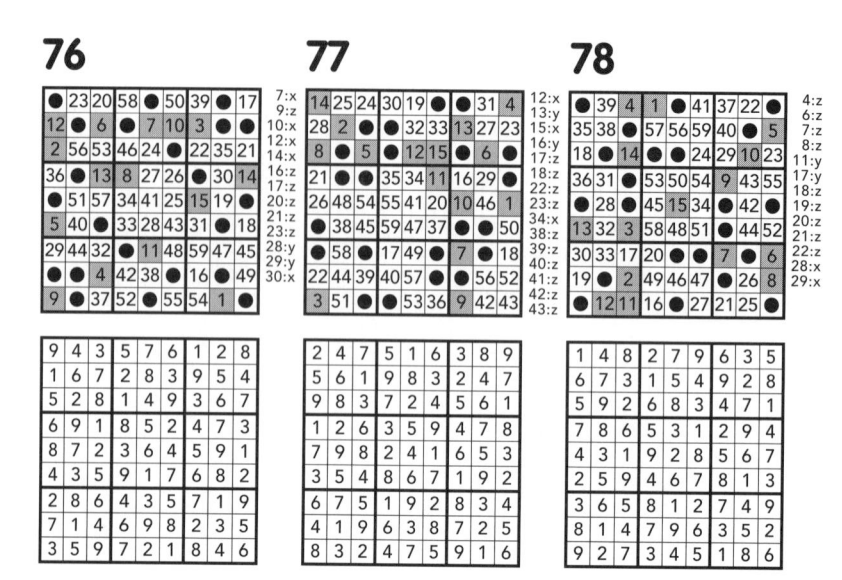

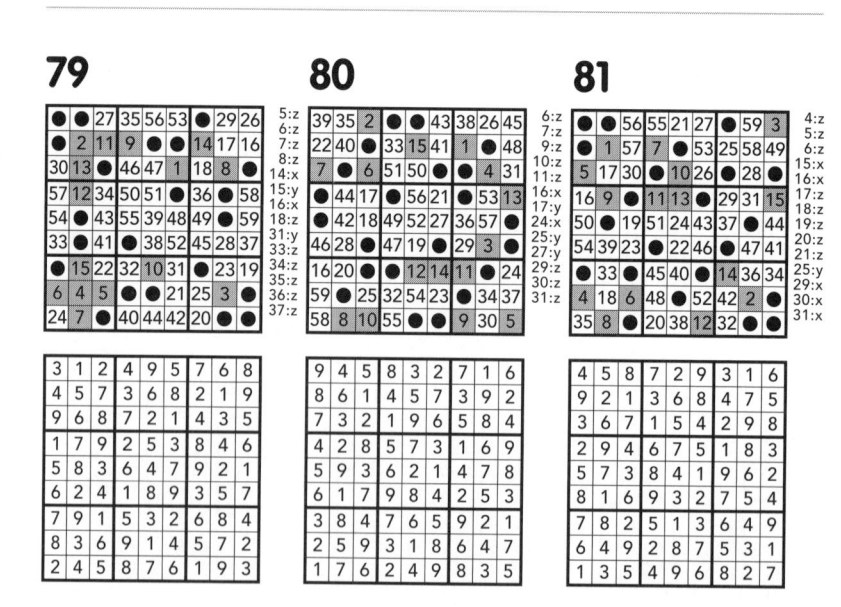

76

●	23	20	58	●	50	39	●	17
12	●	6	●	7	10	3	●	●
2	56	53	46	24	●	22	35	21
36	●	13	8	27	26	●	30	14
●	51	57	34	41	25	15	19	●
5	40	●	33	28	43	31	●	18
29	44	32	●	11	48	59	47	45
●	●	4	42	38	●	16	●	49
9	●	37	52	●	55	54	1	●

7:x
9:z
12:x
10:x
12:z
14:x
16:z
17:z
18:z
20:z
21:y
23:z
28:y
29:y
30:x

9	4	3	5	7	6	1	2	8
1	6	7	2	8	3	9	5	4
5	2	8	1	4	9	3	6	7
6	9	1	8	5	2	4	7	3
8	7	2	3	6	4	5	9	1
4	3	5	9	1	7	6	8	2
2	8	6	4	3	5	7	1	9
7	1	4	6	9	8	2	3	5
3	5	9	7	2	1	8	4	6

77

14	25	24	30	19	●	●	31	4
28	2	●	●	32	33	13	27	23
8	●	5	●	12	15	●	6	●
21	●	●	35	34	11	16	29	●
26	48	54	55	41	20	10	46	1
●	38	45	59	47	37	●	●	50
●	58	●	17	49	●	7	●	18
22	44	39	40	57	●	●	56	52
3	51	●	●	53	36	9	42	43

12:z
13:y
15:x
16:y
17:z
18:z
22:z
23:z
25:y
34:x
38:z
39:z
40:z
41:z
42:z
43:z

2	4	7	5	1	6	3	8	9
5	6	1	9	8	3	2	4	7
9	8	3	7	2	4	5	6	1
1	2	6	3	5	9	4	7	8
7	9	8	2	4	1	6	5	3
3	5	4	8	6	7	1	9	2
6	7	5	1	9	2	8	3	4
4	1	9	6	3	8	7	2	5
8	3	2	4	7	5	9	1	6

78

●	39	4	●	1	●	41	37	22	●
35	38	●	57	56	59	40	●	5	
18	●	14	●	●	●	24	29	10	23
36	31	●	53	50	54	●	9	43	55
●	28	●	45	15	34	●	●	42	●
13	32	3	58	48	51	●	44	52	
30	33	17	20	●	●	●	7	●	6
19	●	2	49	46	47	●	●	26	8
●	12	11	16	●	27	21	25	●	

4:z
5:z
7:z
8:z
11:y
17:y
18:z
19:z
20:z
21:z
22:z
28:x
29:x

1	4	8	2	7	9	6	3	5
6	7	3	1	5	4	9	2	8
5	9	2	6	8	3	4	7	1
7	8	6	5	3	1	2	9	4
4	3	1	9	2	8	5	6	7
2	5	9	4	6	7	8	1	3
3	6	5	8	1	2	7	4	9
8	1	4	7	9	6	3	5	2
9	2	7	3	4	5	1	8	6

79

●	●	27	35	56	53	●	29	26
●	2	11	9	●	●	14	17	16
30	13	●	46	47	1	18	8	●
57	12	34	50	51	●	36	●	58
54	●	43	55	39	48	49	●	59
33	●	41	●	38	52	45	28	37
●	15	22	32	10	31	●	23	19
6	4	5	●	●	21	25	3	●
24	7	●	40	44	42	20	●	●

5:z
6:z
7:z
8:z
14:x
15:y
16:x
18:z
29:y
31:y
33:z
34:z
35:y
36:z
37:z

3	1	2	4	9	5	7	6	8
4	5	7	3	6	8	2	1	9
9	6	8	7	2	1	4	3	5
1	7	9	2	5	3	8	4	6
5	8	3	6	4	7	9	2	1
6	2	4	1	8	9	3	5	7
7	9	1	5	3	2	6	8	4
8	3	6	9	1	4	5	7	2
2	4	5	8	7	6	1	9	3

80

39	35	2	●	●	43	38	26	45
22	40	●	33	15	41	1	●	48
7	●	6	51	50	●	●	4	31
●	44	17	●	56	21	●	53	13
●	42	18	49	52	27	36	57	●
46	28	●	47	19	●	29	3	●
16	20	●	●	12	14	11	●	24
59	●	25	32	54	23	●	34	37
58	8	10	55	●	●	9	30	5

6:z
7:z
9:z
10:z
11:z
16:x
17:y
18:z
24:x
25:y
27:y
29:z
30:z
31:z

9	4	5	8	3	2	7	1	6
8	6	1	4	5	7	3	9	2
7	3	2	1	9	6	5	8	4
4	2	8	5	7	3	1	6	9
5	9	3	6	2	1	4	7	8
6	1	7	9	8	4	2	5	3
3	8	4	7	6	5	9	2	1
2	5	9	3	1	8	6	4	7
1	7	6	2	4	9	8	3	5

81

●	●	56	55	21	27	●	59	3
●	1	57	7	●	53	25	58	49
5	17	30	●	10	26	●	28	●
16	9	●	11	13	●	29	31	15
50	●	19	51	24	43	37	●	44
54	39	23	●	22	46	●	47	41
●	33	●	45	40	●	14	36	34
4	18	6	48	●	52	42	2	●
35	8	●	20	38	12	32	●	●

4:z
5:z
6:z
15:x
16:x
17:z
18:z
19:z
20:z
21:z
25:y
29:y
30:x
31:x

4	5	8	7	2	9	3	1	6
9	2	1	3	6	8	4	7	5
3	6	7	1	5	4	2	9	8
2	9	4	6	7	5	1	8	3
5	7	3	8	4	1	9	6	2
8	1	6	9	3	2	7	5	4
7	8	2	5	1	3	6	4	9
6	4	9	2	8	7	5	3	1
1	3	5	4	9	6	8	2	7

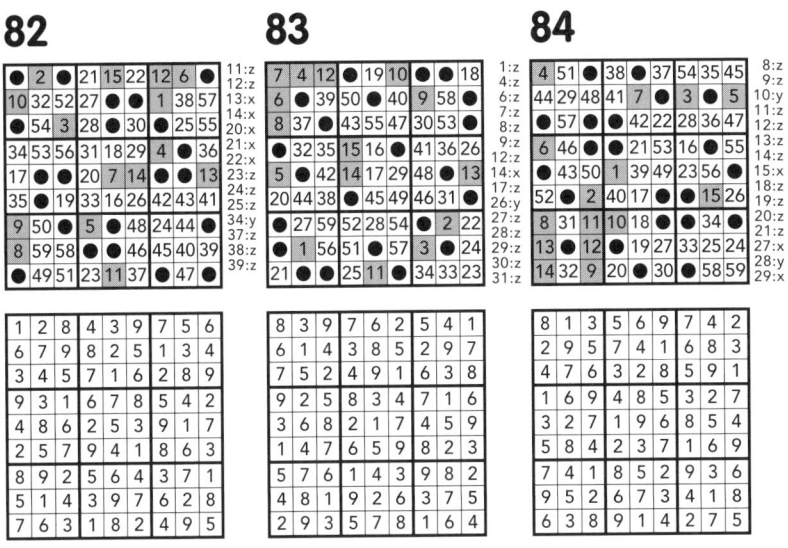

82

●	2	●	21	15	22	12	6	●
10	32	52	27	●	●	1	38	57
●	54	3	28	●	30	●	25	55
34	53	56	31	18	29	4	●	36
17	●	●	20	7	14	●	●	13
35	●	19	33	16	26	42	43	41
9	50	●	5	●	48	24	44	●
8	59	58	●	●	46	45	40	39
●	49	51	23	11	37	●	47	●

11:z
12:z
13:x
14:x
20:x
21:x
22:x
23:z
24:z
25:z
34:y
37:z
38:z
39:z

1	2	8	4	3	9	7	5	6
6	7	9	8	2	5	1	3	4
3	4	5	7	1	6	2	8	9
9	3	1	6	7	8	5	4	2
4	8	6	2	5	3	9	1	7
2	5	7	9	4	1	8	6	3
8	9	2	5	6	4	3	7	1
5	1	4	3	9	7	6	2	8
7	6	3	1	8	2	4	9	5

83

7	4	12	●	19	10	●	●	18
6	●	39	50	●	40	9	58	●
8	37	●	43	55	47	30	53	●
●	32	35	15	16	●	41	36	26
5	●	42	14	17	29	48	●	13
20	44	38	●	45	49	46	31	●
●	27	59	52	28	54	●	2	22
●	1	56	51	●	57	3	●	24
21	●	●	25	11	●	34	33	23

1:z
4:z
6:z
7:z
8:z
9:z
12:z
14:x
17:z
26:y
27:z
28:z
29:z
30:z
31:z

8	3	9	7	6	2	5	4	1
6	1	4	3	8	5	2	9	7
7	5	2	4	9	1	6	3	8
9	2	5	8	3	4	7	1	6
3	6	8	2	1	7	4	5	9
1	4	7	6	5	9	8	2	3
5	7	6	1	4	3	9	8	2
4	8	1	9	2	6	3	7	5
2	9	3	5	7	8	1	6	4

84

4	51	●	38	●	37	54	35	45
44	29	48	41	7	●	3	●	5
●	57	●	●	42	22	28	36	47
6	46	●	●	21	53	16	●	55
●	43	50	1	39	49	23	56	●
52	●	2	40	17	●	●	15	26
8	31	11	10	18	●	●	34	●
13	●	12	●	19	27	33	25	24
14	32	9	20	●	30	●	58	59

8:z
9:z
10:y
11:z
12:z
13:z
14:z
15:x
18:z
19:z
20:z
21:z
27:x
28:y
29:x

8	1	3	5	6	9	7	4	2
2	9	5	7	4	1	6	8	3
4	7	6	3	2	8	5	9	1
1	6	9	4	8	5	3	2	7
3	2	7	1	9	6	8	5	4
5	8	4	2	3	7	1	6	9
7	4	1	8	5	2	9	3	6
9	5	2	6	7	3	4	1	8
6	3	8	9	1	4	2	7	5

85

18	●	52	●	59	56	43	47	31
●	6	3	10	●	●	14	●	16
8	28	45	17	57	42	●	55	30
●	9	15	13	11	●	5	●	12
4	●	26	39	35	37	23	●	22
7	●	24	●	50	48	38	40	●
1	2	●	34	20	53	49	44	27
58	●	32	●	●	46	21	36	●
51	19	33	29	41	●	54	●	25

3:x
6:z
9:z
10:z
14:x
15:x
17:z
29:y
30:y
31:y
41:z
42:z
43:z
44:z

7	5	3	6	8	1	2	4	9
1	4	8	2	5	9	3	7	6
6	9	2	7	3	4	1	8	5
9	1	5	4	2	7	8	6	3
8	2	6	5	9	3	4	1	7
4	3	7	8	1	6	9	5	2
3	8	4	9	7	5	6	2	1
5	6	1	3	4	2	7	9	8
2	7	9	1	6	8	5	3	4

86

10	●	7	59	●	55	20	●	28
●	11	1	13	17	14	5	●	●
4	6	●	19	●	27	53	2	42
43	34	26	●	52	45	54	32	58
●	9	●	35	8	29	●	47	●
48	33	30	38	36	●	56	31	50
24	3	18	22	●	21	●	15	23
●	●	44	51	12	57	39	37	●
25	●	41	49	●	40	16	●	46

8:z
9:z
18:z
19:z
20:z
24:x
25:z
26:z
27:z
28:z
35:x
36:y
37:y

9	1	3	8	2	6	7	4	5
6	5	4	9	7	1	2	8	3
2	8	7	3	4	5	9	6	1
1	6	2	5	8	7	4	3	9
7	9	8	4	3	2	5	1	6
4	3	5	1	6	9	8	2	7
8	7	1	2	9	3	6	5	4
3	4	6	7	5	8	1	9	2
5	2	9	6	1	4	3	7	8

87

●	35	39	19	58	57	●	32	28
13	30	●	38	23	●	15	●	26
3	●	43	●	6	25	12	36	●
22	14	●	33	54	●	46	●	20
21	18	2	7	53	44	50	59	40
8	●	11	●	49	55	●	56	37
●	10	1	17	29	●	9	●	41
51	●	4	●	45	47	●	31	34
48	16	●	52	42	24	5	27	●

4:z
6:x
9:y
10:z
11:z
12:z
13:z
14:z
15:z
19:y
20:z
23:x
25:y

2	5	6	7	1	9	4	8	3
7	3	8	5	6	4	1	9	2
4	1	9	8	3	2	7	6	5
1	4	7	2	9	8	5	3	6
6	8	2	3	4	5	9	1	7
3	9	5	6	7	1	2	4	8
5	6	1	4	2	3	8	7	9
9	2	3	1	8	7	6	5	4
8	7	4	9	5	6	3	2	1

88

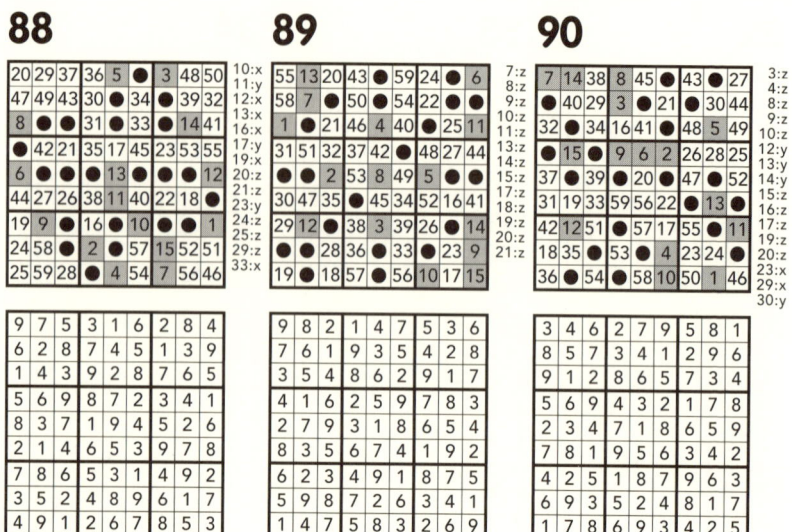

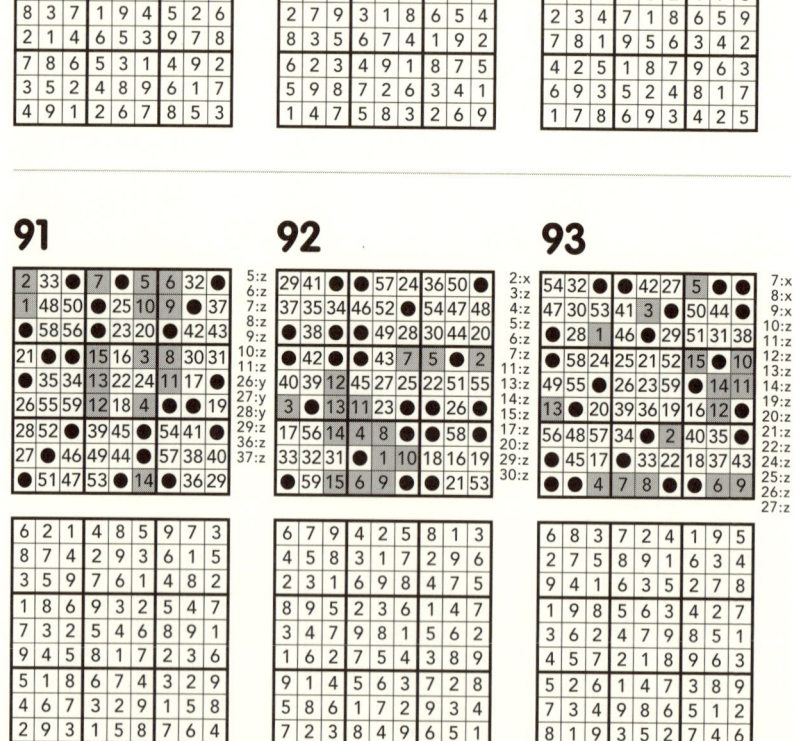

20	29	37	36	5	●	3	48	50
47	49	43	30	●	34	●	39	32
8	●	●	31	●	33	●	14	41
●	42	21	35	17	45	23	53	55
6	●	●	●	13	●	●	●	12
44	27	26	38	11	40	22	18	●
19	9	●	16	●	10	●	●	1
24	58	●	2	●	57	15	52	51
25	59	28	●	4	54	7	56	46

10:x 11:y 12:x 13:z 16:x 17:x 19:x 20:z 21:z 23:y 24:z 25:z 29:z 33:x

9	7	5	3	1	6	2	8	4
6	2	8	7	4	5	1	3	9
1	4	3	9	2	8	7	6	5
5	6	9	8	7	2	3	4	1
8	3	7	1	9	4	5	2	6
2	1	4	6	5	3	9	7	8
7	8	6	5	3	1	4	9	2
3	5	2	4	8	9	6	1	7
4	9	1	2	6	7	8	5	3

89

55	13	20	43	●	59	24	●	6
58	7	●	50	●	54	22	●	●
1	●	21	46	4	40	●	25	11
31	51	32	37	42	●	48	27	44
●	●	2	53	8	49	5	●	●
30	47	35	●	45	34	52	16	41
29	12	●	38	3	39	26	●	14
●	●	28	●	36	●	23	9	
19	●	18	57	●	56	10	17	15

7:z 8:z 9:z 10:z 11:z 13:z 14:z 15:z 17:z 18:z 19:z 20:z 21:z

9	8	2	1	4	7	5	3	6
7	6	1	9	3	5	4	2	8
3	5	4	8	6	2	9	1	7
4	1	6	2	5	9	7	8	3
2	7	9	3	1	8	6	5	4
8	3	5	6	7	4	1	9	2
6	2	3	4	9	1	8	7	5
5	9	8	7	2	6	3	4	1
1	4	7	5	8	3	2	6	9

90

7	14	38	8	45	●	43	●	27
●	40	29	3	●	21	●	30	44
32	●	34	16	41	●	48	5	49
●	15	●	9	6	2	26	28	25
37	●	39	●	20	●	47	●	52
31	19	33	59	56	22	●	13	●
42	12	51	●	57	17	55	●	11
18	35	●	53	●	4	23	24	●
36	●	54	●	58	10	50	1	46

3:z 4:z 8:z 9:z 10:z 13:y 14:y 15:z 16:z 17:z 19:z 20:z 23:x 29:x 30:y

3	4	6	2	7	9	5	8	1
8	5	7	3	4	1	2	9	6
9	1	2	8	6	5	7	3	4
5	6	9	4	3	2	1	7	8
2	3	4	7	1	8	6	5	9
7	8	1	9	5	6	3	4	2
4	2	5	1	8	7	9	6	3
6	9	3	5	2	4	8	1	7
1	7	8	6	9	3	4	2	5

91

2	33	●	7	●	5	6	32	●
1	48	50	●	25	10	9	●	37
●	58	56	●	23	20	●	42	43
21	●	●	15	16	3	8	30	31
●	35	34	13	22	24	11	17	●
26	55	59	12	18	4	●	●	19
28	52	●	39	45	●	54	41	●
27	●	46	49	44	●	57	38	40
●	51	47	53	●	14	●	36	29

5:z 6:z 7:z 8:z 9:z 10:z 11:z 26:y 27:y 28:y 29:z 36:z 37:z

6	2	1	4	8	5	9	7	3
8	7	4	2	9	3	6	1	5
3	5	9	7	6	1	4	8	2
1	8	6	9	3	2	5	4	7
7	3	2	5	4	6	8	9	1
9	4	5	8	1	7	2	3	6
5	1	8	6	7	4	3	2	9
4	6	7	3	2	9	1	5	8
2	9	3	1	5	8	7	6	4

92

29	41	●	●	57	24	36	50	●
37	35	34	46	52	●	54	47	48
●	38	●	●	49	28	30	44	20
●	42	●	●	43	7	5	●	2
40	39	12	45	27	25	22	51	55
3	●	13	11	23	●	●	26	●
17	56	14	4	8	●	58	●	
33	32	31	●	1	10	18	16	19
●	59	15	6	9	●	●	21	53

2:x 3:z 4:z 5:z 6:z 7:z 11:z 13:z 14:z 15:z 17:z 20:z 29:z 30:z

6	7	9	4	2	5	8	1	3
4	5	8	3	1	7	2	9	6
2	3	1	6	9	8	4	7	5
8	9	5	2	3	6	1	4	7
3	4	7	9	8	1	5	6	2
1	6	2	7	5	4	3	8	9
9	1	4	5	6	3	7	2	8
5	8	6	1	7	2	9	3	4
7	2	3	8	4	9	6	5	1

93

54	32	●	●	42	27	5	●	●
47	30	53	41	3	●	50	44	●
●	28	1	46	●	29	51	31	38
●	58	24	25	21	52	15	●	10
49	55	●	26	23	59	●	14	11
13	●	20	39	36	19	16	12	●
56	48	57	34	●	2	40	35	●
●	45	17	●	33	22	18	37	43
●	●	4	7	8	●	●	6	9

7:x 8:x 9:x 10:z 11:z 12:z 13:z 14:z 19:z 20:z 21:z 22:z 24:z 25:z 26:z 27:z

6	8	3	7	2	4	1	9	5
2	7	5	8	9	1	6	3	4
9	4	1	6	3	5	2	7	8
1	9	8	5	6	3	4	2	7
3	6	2	4	7	9	8	5	1
4	5	7	2	1	8	9	6	3
5	2	6	1	4	7	3	8	9
7	3	4	9	8	6	5	1	2
8	1	9	3	5	2	7	4	6

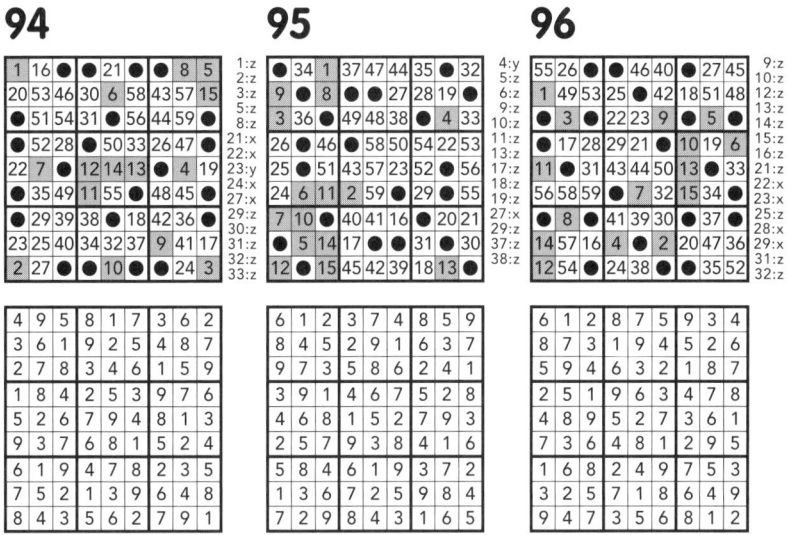

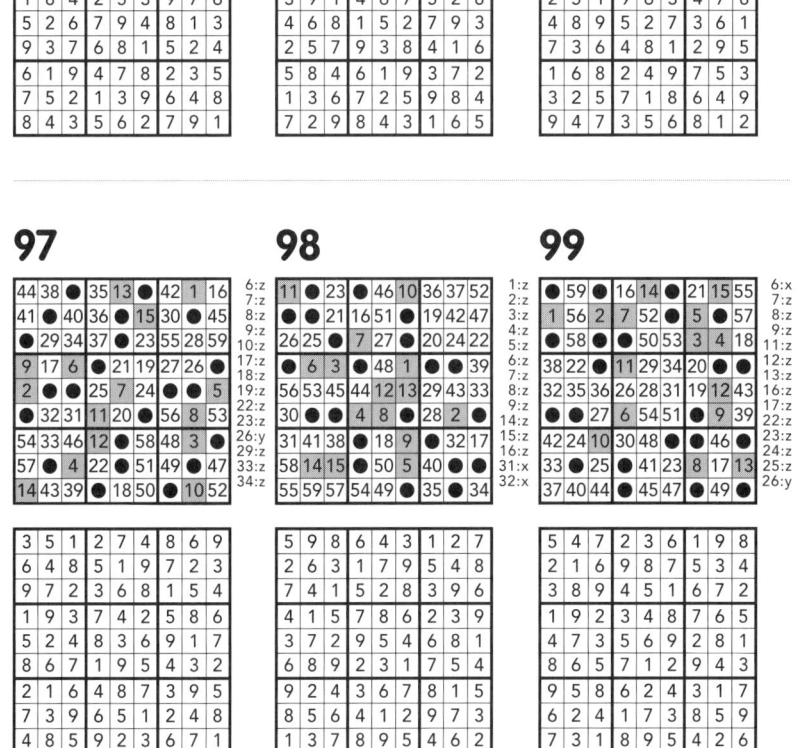

94

1	16	●	●	21	●	●	8	5
20	53	46	30	6	58	43	57	15
●	51	54	31	●	56	44	59	●
●	52	28	●	50	33	26	47	●
22	7	●	12	14	13	●	4	19
●	35	49	11	55	●	48	45	●
●	29	39	38	●	18	42	36	●
23	25	40	34	32	37	9	41	17
2	27	●	●	10	●	●	24	3

1:z
2:z
3:z
5:z
8:z
21:x
22:x
23:y
24:x
27:x
29:z
30:z
31:z
32:z
33:z

4	9	5	8	1	7	3	6	2
3	6	1	9	2	5	4	8	7
2	7	8	3	4	6	1	5	9
1	8	4	2	5	3	9	7	6
5	2	6	7	9	4	8	1	3
9	3	7	6	8	1	5	2	4
6	1	9	4	7	8	2	3	5
7	5	2	1	3	9	6	4	8
8	4	3	5	6	2	7	9	1

95

●	34	1	37	47	44	35	●	32
9	●	8	●	●	27	28	19	●
3	36	●	49	48	38	●	4	33
26	●	46	●	58	50	54	22	53
25	●	51	43	57	23	52	●	56
24	6	11	2	59	●	29	●	55
7	10	●	40	41	16	●	20	21
●	5	14	17	●	●	31	●	30
12	●	15	45	42	39	18	13	●

4:y
5:z
6:z
9:z
10:z
11:z
13:z
17:z
18:z
19:z
27:x
29:z
37:z
38:z

6	1	2	3	7	4	8	5	9
8	4	5	2	9	1	6	3	7
9	7	3	5	8	6	2	4	1
3	9	1	4	6	7	5	2	8
4	6	8	1	5	2	7	9	3
2	5	7	9	3	8	4	1	6
5	8	4	6	1	9	3	7	2
1	3	6	7	2	5	9	8	4
7	2	9	8	4	3	1	6	5

96

55	26	●	●	46	40	●	27	45
1	49	53	25	●	42	18	51	48
●	3	●	22	23	9	●	5	●
●	17	28	29	21	●	10	19	6
11	●	31	43	44	50	13	●	33
56	58	59	●	7	32	15	34	●
●	8	●	41	39	30	●	37	●
14	57	16	4	●	2	20	47	36
12	54	●	24	38	●	●	35	52

9:z
10:z
12:z
13:z
14:z
15:z
16:z
21:z
22:x
23:x
25:z
28:x
29:x
31:z
32:z

6	1	2	8	7	5	9	3	4
8	7	3	1	9	4	5	2	6
5	9	4	6	3	2	1	8	7
2	5	1	9	6	3	4	7	8
4	8	9	5	2	7	3	6	1
7	3	6	4	8	1	2	9	5
1	6	8	2	4	9	7	5	3
3	2	5	7	1	8	6	4	9
9	4	7	3	5	6	8	1	2

97

44	38	●	35	13	●	42	1	16
41	●	40	36	●	15	30	●	45
●	29	34	37	●	23	55	28	59
9	17	6	●	21	19	27	26	●
2	●	●	25	7	24	●	●	5
●	32	31	11	20	●	56	8	53
54	33	46	12	●	58	48	3	●
57	●	4	22	●	51	49	●	47
14	43	39	●	18	50	●	10	52

6:z
7:z
8:z
9:z
10:z
17:z
18:z
19:z
22:z
23:z
26:y
29:z
33:z
34:z

3	5	1	2	7	4	8	6	9
6	4	8	5	1	9	7	2	3
9	7	2	3	6	8	1	5	4
1	9	3	7	4	2	5	8	6
5	2	4	8	3	6	9	1	7
8	6	7	1	9	5	4	3	2
2	1	6	4	8	7	3	9	5
7	3	9	6	5	1	2	4	8
4	8	5	9	2	3	6	7	1

98

11	●	23	●	46	10	36	37	52
●	●	21	16	51	●	19	42	47
26	25	●	7	27	●	20	24	22
●	6	3	●	48	1	●	●	39
56	53	45	44	12	13	29	43	33
30	●	●	4	8	●	28	2	●
31	41	38	●	18	9	●	32	17
58	14	15	●	50	5	40	●	●
55	59	57	54	49	●	35	●	34

1:z
2:z
3:z
4:z
5:z
6:z
7:z
8:z
9:z
14:z
15:z
16:z
31:x
32:x

5	9	8	6	4	3	1	2	7
2	6	3	1	7	9	5	4	8
7	4	1	5	2	8	3	9	6
4	1	5	7	8	6	2	3	9
3	7	2	9	5	4	6	8	1
6	8	9	2	3	1	7	5	4
9	2	4	3	6	7	8	1	5
8	5	6	4	1	2	9	7	3
1	3	7	8	9	5	4	6	2

99

●	59	●	16	14	●	21	15	55
1	56	2	7	52	●	5	●	57
●	58	●	●	50	53	3	4	18
38	22	●	11	29	34	20	●	●
32	35	36	26	28	31	19	12	43
●	●	27	6	54	51	●	9	39
42	24	10	30	48	●	●	46	●
33	●	25	●	41	23	8	17	13
37	40	44	●	45	47	●	49	●

6:x
7:z
8:z
9:z
11:z
12:z
13:z
16:z
17:z
19:z
22:z
23:z
24:z
25:z
26:y

5	4	7	2	3	6	1	9	8
2	1	6	9	8	7	5	3	4
3	8	9	4	5	1	6	7	2
1	9	2	3	4	8	7	6	5
4	7	3	5	6	9	2	8	1
8	6	5	7	1	2	9	4	3
9	5	8	6	2	4	3	1	7
6	2	4	1	7	3	8	5	9
7	3	1	8	9	5	4	2	6

100

35	24	●	46	●	●	23	33	41
30	●	27	17	15	7	48	●	44
●	50	39	38	●	8	21	31	29
59	22	58	●	43	3	36	42	●
●	34	●	14	47	19	●	20	●
●	40	6	5	51	●	28	25	26
56	32	55	2	●	45	52	4	●
54	●	57	16	18	37	49	●	53
9	1	10	●	●	11	●	12	13

11:x
12:x
13:x
14:z
15:z
17:z
18:z
19:z
20:z
24:z
25:y
27:z
28:z
29:z

7	3	4	2	9	6	8	1	5
6	1	9	8	4	5	3	2	7
5	8	2	1	7	3	4	9	6
8	4	1	3	6	7	9	5	2
3	6	5	9	2	1	7	4	8
9	2	7	5	8	4	6	3	1
1	9	3	6	5	8	2	7	4
2	7	8	4	1	9	5	6	3
4	5	6	7	3	2	1	8	9

101

44	41	45	1	●	57	15	8	●
12	17	●	●	59	52	22	●	53
50	●	2	54	58	●	13	11	56
47	●	29	55	49	●	●	7	18
●	48	26	30	20	46	25	3	●
43	27	●	●	51	6	21	●	24
28	38	42	●	32	19	33	●	23
10	●	37	40	5	●	●	4	14
●	39	36	34	●	31	35	9	16

4:y
5:x
8:y
9:y
11:y
13:z
14:z
15:z
16:z
21:x
22:z
23:z
31:y

1	7	5	2	8	6	4	9	3
8	4	9	3	5	1	2	7	6
6	2	3	7	9	4	1	8	5
7	6	8	9	1	2	5	3	4
3	1	2	8	4	5	9	6	7
5	9	4	6	7	3	8	1	2
2	3	1	4	6	8	7	5	9
4	8	7	5	3	9	6	2	1
9	5	6	1	2	7	3	4	8

102

40	14	13	●	1	30	●	31	34
36	27	●	50	51	●	●	32	41
4	●	9	12	25	24	3	●	●
●	39	28	●	55	38	5	●	42
2	45	58	37	46	48	35	52	16
26	●	57	56	54	●	43	49	●
●	●	21	29	18	17	44	●	47
23	11	●	●	53	59	●	7	33
19	20	●	6	8	●	15	22	10

11:z
12:z
17:y
24:x
25:x
26:z
27:z
28:z
29:z
30:z
31:z
32:z
33:z

5	7	2	6	1	4	8	9	3
4	3	1	9	2	8	7	6	5
8	9	6	7	3	5	4	2	1
2	4	9	5	8	3	1	7	6
1	8	7	4	9	6	3	5	2
3	6	5	2	7	1	9	8	4
7	1	3	8	5	2	6	4	9
9	2	4	3	6	7	5	1	8
6	5	8	1	4	9	2	3	7

103

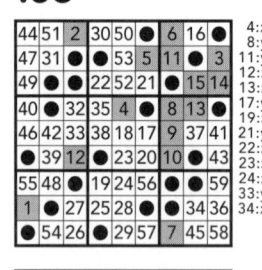

44	51	2	30	50	●	6	16	●
47	31	●	●	53	5	11	●	3
49	●	●	22	52	21	●	15	14
40	●	32	35	4	●	8	13	●
46	42	33	38	18	17	9	37	41
●	39	12	●	23	20	10	●	43
55	48	●	19	24	56	●	●	59
1	●	27	25	28	●	●	34	36
●	54	26	●	29	57	7	45	58

4:x
8:y
11:y
12:z
13:z
17:y
19:z
21:y
22:z
23:z
24:z
33:y
34:x

6	4	3	9	8	7	2	1	5
8	9	1	3	5	2	6	4	7
5	7	2	6	4	1	8	3	9
7	8	5	4	2	6	3	9	1
1	2	4	7	3	9	5	6	8
3	6	9	5	1	8	4	7	2
4	1	6	8	7	5	9	2	3
2	3	8	1	9	4	7	5	6
9	5	7	2	6	3	1	8	4

104

37	35	38	31	●	●	8	10	30
22	●	28	39	23	29	●	46	49
●	3	●	59	57	14	9	●	40
55	●	17	●	43	16	2	47	●
50	15	●	48	27	52	●	7	44
●	32	34	54	1	●	6	●	45
25	●	20	42	41	19	●	12	●
24	13	●	26	56	58	5	●	11
33	36	18	●	●	21	4	53	51

4:y
6:y
8:y
10:z
17:x
19:z
20:z
21:z
28:z
29:z
30:z
39:z
40:z

5	4	1	2	9	8	7	3	6
3	6	2	5	4	7	1	8	9
7	8	9	6	1	3	4	2	5
6	3	7	4	8	9	5	1	2
1	9	5	7	2	6	3	4	8
8	2	4	1	3	5	9	6	7
9	1	3	8	5	2	6	7	4
4	7	8	9	6	1	2	5	3
2	5	6	3	7	4	8	9	1

105

24	●	34	29	●	19	27	46	25
●	38	20	28	45	●	26	36	39
31	14	30	●	41	16	1	●	40
55	●	7	56	●	12	●	49	9
●	37	43	●	6	●	8	4	●
53	5	●	59	●	3	51	●	57
2	●	35	17	11	●	23	33	21
22	48	42	●	15	54	52	13	●
32	50	10	18	●	58	44	●	47

3:z
4:z
5:z
6:z
10:x
11:z
12:z
14:x
15:z
16:z
18:z
19:z
23:x
24:y
32:y
34:x
35:x
36:y

6	3	4	9	8	2	7	5	1
1	5	2	7	4	3	6	8	9
8	7	9	1	5	6	3	2	4
3	8	1	5	2	7	4	9	6
5	4	6	8	1	9	2	7	3
9	2	7	3	6	4	5	1	8
7	9	8	6	3	5	1	4	2
2	6	5	4	9	1	8	3	7
4	1	3	2	7	8	9	6	5

106

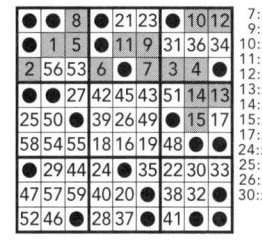

●	●	8	●	21	23	●	10	12
●	1	5	●	11	9	31	36	34
2	56	53	6	●	7	3	4	●
●	●	27	42	45	43	51	14	13
25	50	●	39	26	49	●	15	17
58	54	55	18	16	19	48	●	●
●	29	44	24	●	35	22	30	33
47	57	59	40	20	●	38	32	●
52	46	●	28	37	●	41	●	●

7:z 9:z 10:z 11:z 12:z 13:z 14:z 15:z 17:z 24:x 25:z 26:z 30:x

5	8	1	6	2	7	9	3	4
7	2	9	5	4	3	1	6	8
3	6	4	8	9	1	7	5	2
8	3	7	4	1	6	5	2	9
1	4	2	9	7	5	6	8	3
6	9	5	3	8	2	4	7	1
4	7	8	2	5	9	3	1	6
2	5	6	1	3	4	8	9	7
9	1	3	7	6	8	2	4	5

107

28	56	54	●	14	●	59	12	24
26	●	22	15	●	6	●	18	30
32	31	57	7	13	●	58	●	23
●	5	2	8	3	19	●	21	●
25	●	55	11	50	20	43	●	38
●	52	●	53	49	9	17	16	●
37	●	29	●	51	4	41	46	34
42	33	●	45	●	10	36	●	35
40	27	1	●	47	●	39	48	44

3:z 5:z 6:z 7:z 8:z 9:z 10:z 12:y 16:z 17:z 18:z 22:z 23:z

8	6	5	7	4	2	9	3	1
2	3	1	5	9	6	4	7	8
4	7	9	1	3	8	6	5	2
3	9	8	2	1	7	5	4	6
1	2	6	9	5	4	7	8	3
7	5	4	6	8	3	1	2	9
5	8	7	3	6	1	2	9	4
6	4	2	8	7	9	3	1	5
9	1	3	4	2	5	8	6	7

108

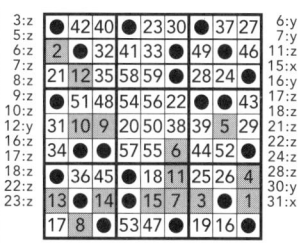

●	42	40	●	23	30	●	37	27
2	●	32	41	33	●	49	●	46
21	12	35	58	59	●	28	24	●
●	51	48	54	56	22	●	●	43
31	10	9	20	50	38	39	5	29
34	●	●	57	55	6	44	52	●
●	36	45	●	18	11	25	26	4
13	●	14	●	15	7	3	●	1
17	8	●	53	47	●	19	16	●

6:y 7:y 11:z 15:x 16:y 17:z 18:z 21:z 22:z 24:z 28:z 30:y 31:x

1	4	9	6	5	3	2	7	8
5	8	3	2	7	4	6	1	9
7	6	2	8	1	9	3	4	5
3	7	4	9	8	5	1	2	6
9	2	1	4	6	7	8	5	3
8	5	6	1	3	2	7	9	4
2	3	7	5	9	6	4	8	1
6	9	8	7	4	1	5	3	2
4	1	5	3	2	8	9	6	7

109

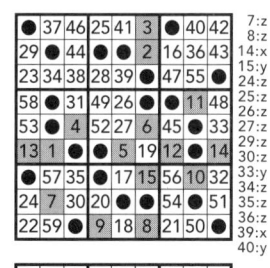

●	37	46	25	41	3	●	40	42
29	●	44	●	●	2	16	36	43
23	34	38	28	39	●	47	55	●
58	●	31	49	26	●	●	11	48
53	●	4	52	27	6	45	●	33
13	1	●	●	5	19	12	●	14
●	57	35	●	17	15	56	10	32
24	7	30	20	●	●	54	●	51
22	59	●	9	18	8	21	50	●

7:z 8:z 14:x 15:y 24:z 25:z 26:z 27:z 29:z 30:z 33:y 34:z 35:z 36:z 39:x 40:y

7	3	1	9	2	5	8	4	6
5	8	2	4	6	7	3	9	1
6	4	9	8	1	3	2	5	7
3	2	5	6	9	1	7	8	4
4	9	7	3	8	2	6	1	5
8	1	6	5	7	4	9	2	3
1	6	3	2	4	9	5	7	8
9	7	8	1	5	6	4	3	2
2	5	4	7	3	8	1	6	9

110

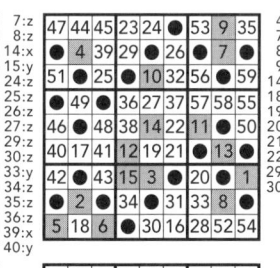

47	44	45	23	24	●	53	9	35
●	4	39	29	●	26	●	7	●
51	●	25	●	10	32	56	●	59
●	49	●	36	27	37	57	58	55
46	●	48	38	14	22	11	●	50
40	17	41	12	19	21	●	13	●
42	●	43	15	3	●	20	●	1
●	2	●	34	●	31	33	8	●
5	18	6	●	30	16	28	52	54

4:z 7:z 8:z 9:z 14:z 18:z 19:z 20:z 21:z 22:z 29:x 30:y

3	7	4	8	5	2	6	1	9
2	1	9	6	7	3	4	5	8
6	5	8	4	1	9	2	3	7
8	4	1	9	3	5	7	2	6
5	6	3	7	2	8	1	9	4
9	2	7	1	6	4	3	8	5
7	9	5	2	4	1	8	6	3
4	3	2	5	8	6	9	7	1
1	8	6	3	9	7	5	4	2

111

31	34	32	●	6	●	46	●	40
20	●	19	10	●	9	12	11	●
35	27	13	45	1	41	●	29	38
●	54	39	52	42	●	28	50	●
24	●	21	53	55	49	44	●	14
●	56	17	●	48	15	30	51	●
33	3	●	59	57	58	8	43	47
●	7	36	37	●	5	25	●	26
18	●	2	●	4	●	22	23	16

7:y 9:z 10:z 11:z 12:z 18:x 22:x 23:x 24:z 25:z 26:z

7	6	3	9	4	1	8	5	2
5	8	1	6	7	2	9	4	3
2	4	9	8	5	3	1	7	6
9	1	6	2	3	5	4	8	7
4	3	5	7	1	8	6	2	9
8	2	7	4	6	9	3	1	5
3	9	4	1	2	7	5	6	8
6	5	2	3	8	4	7	9	1
1	7	8	5	9	6	2	3	4

112

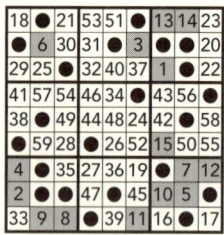

18	●	21	53	51	●	13	14	23
●	6	30	31	●	3	●	●	20
29	25	●	32	40	37	1	●	22
41	57	54	46	34	●	43	56	●
38	●	49	44	48	24	42	●	58
●	59	28	●	26	52	15	50	55
4	●	35	27	36	19	●	7	12
2	●	●	47	●	45	10	5	●
33	9	8	●	39	11	16	●	17

5:x
6:z
7:z
9:z
10:z
11:z
18:z
19:z
20:z
21:z
24:x
25:z
26:x

9	1	5	3	2	6	8	7	4
3	4	7	8	5	1	2	6	9
8	6	2	7	4	9	1	3	5
6	2	3	9	8	7	4	5	1
1	7	9	4	3	5	6	8	2
4	5	8	1	6	2	7	9	3
2	9	1	6	7	3	5	4	8
5	8	6	2	9	4	3	1	7
7	3	4	5	1	8	9	2	6

113

●	●	15	39	42	20	9	●	1
●	3	14	17	13	●	4	11	●
16	6	●	19	41	43	●	12	2
50	●	30	●	54	●	27	47	56
5	52	29	46	35	57	25	49	32
48	51	31	●	55	●	23	●	53
28	18	●	33	59	58	●	8	24
●	21	22	●	38	40	36	7	●
26	●	10	44	45	34	37	●	●

3:z
4:z
7:z
8:z
9:z
10:z
12:z
13:z
14:z
15:z
19:y
27:x

7	6	8	3	9	2	1	5	4
1	3	5	8	7	4	6	9	2
2	9	4	6	5	1	8	7	3
6	5	2	7	8	3	9	4	1
3	1	9	4	2	6	5	8	7
4	8	7	5	1	9	2	3	6
9	7	3	2	6	8	4	1	5
8	4	6	1	3	5	7	2	9
5	2	1	9	4	7	3	6	8

114

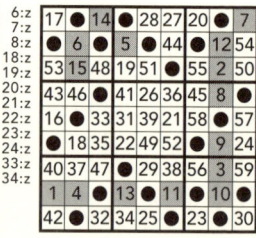

17	●	14	●	28	27	20	●	7
●	6	●	5	●	44	●	12	54
53	15	48	19	51	●	55	2	50
43	46	●	41	26	36	45	8	●
16	●	33	31	39	21	58	●	57
●	18	35	22	49	52	●	9	24
40	37	47	●	29	38	56	3	59
1	4	●	13	●	11	●	10	●
42	●	32	34	25	●	23	●	30

6:z
9:y
10:y
11:x
12:y
14:z
15:z
17:z
18:z
19:z
22:z
23:z
29:z
30:z

2	1	8	5	3	7	4	9	6
3	6	4	9	8	1	7	5	2
5	7	9	4	2	6	8	3	1
9	4	2	8	5	3	1	6	7
7	5	3	6	1	4	9	2	8
6	8	1	7	9	2	3	4	5
4	3	5	1	6	8	2	7	9
1	9	7	2	4	5	6	8	3
8	2	6	3	7	9	5	1	4

115

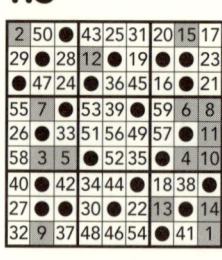

2	50	●	43	25	31	20	15	17
29	●	28	12	●	19	●	●	23
●	47	24	●	36	45	16	●	21
55	7	●	53	39	●	59	6	8
26	●	33	51	56	49	57	●	11
58	3	5	●	52	35	●	4	10
40	●	42	34	44	●	18	38	●
27	●	●	30	●	22	13	●	14
32	9	37	48	46	54	●	41	1

3:z
4:z
5:z
6:z
7:z
8:z
9:z
10:z
11:z
13:x
27:x
32:z
33:z
34:z
35:z

8	4	1	7	9	5	2	6	3
2	5	3	6	8	1	4	7	9
6	7	9	3	2	4	1	8	5
1	3	4	8	5	6	7	9	2
9	2	5	4	7	3	8	1	6
7	6	8	9	1	2	3	5	4
5	1	6	2	3	7	9	4	8
3	8	7	5	4	9	6	2	1
4	9	2	1	6	8	5	3	7

116

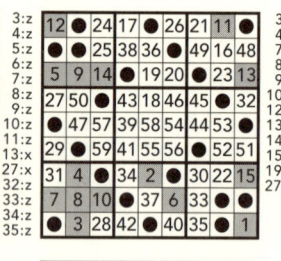

12	●	24	17	●	26	21	11	●
●	●	25	38	36	●	49	16	48
5	9	14	●	19	20	●	23	13
27	50	●	43	18	46	45	●	32
●	47	57	39	58	54	44	53	●
29	●	59	41	55	56	●	52	51
31	●	●	34	2	●	30	22	15
7	8	10	●	37	6	33	●	●
●	3	28	42	●	40	35	●	1

3:z
4:z
7:z
8:z
9:z
10:z
12:z
13:z
14:z
15:z
19:y
27:x

2	4	7	3	9	8	5	6	1
5	1	8	4	2	6	7	3	9
9	6	3	7	5	1	8	4	2
1	7	9	8	3	5	4	2	6
3	8	2	6	4	7	9	1	5
6	5	4	9	1	2	3	8	7
4	9	6	2	7	3	1	5	8
8	3	5	1	6	9	2	7	4
7	2	1	5	8	4	6	9	3

117

35	11	59	●	55	45	6	13	●
37	9	●	33	38	15	●	●	1
44	●	58	56	●	57	4	●	12
●	30	46	●	32	49	19	50	21
48	24	●	54	36	52	●	47	23
16	29	25	28	27	●	3	31	●
8	●	10	51	●	53	7	●	5
42	●	●	34	41	39	●	14	18
●	17	40	26	43	●	22	2	20

4:z
6:z
7:z
8:z
10:z
15:y
16:z
24:z
25:z
26:z
32:z
33:z
34:z

5	4	3	1	6	8	9	2	7
8	9	2	5	7	4	6	3	1
7	1	6	2	9	3	5	8	4
4	5	1	7	2	6	3	9	8
6	7	8	3	5	9	4	1	2
3	2	9	8	4	1	7	5	6
9	8	4	6	3	2	1	7	5
1	6	5	9	8	7	2	4	3
2	3	7	4	1	5	8	6	9

118

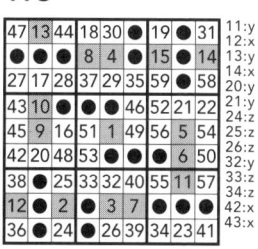

47	13	44	18	30	●	19	●	31
●	●	●	8	4	●	15	●	14
27	17	28	37	29	35	59	●	58
43	10	●	●	●	46	52	21	22
45	9	16	51	1	49	56	5	54
42	20	48	53	●	●	●	6	50
38	●	25	33	32	40	55	11	57
12	●	2	●	3	7	●	●	●
36	●	24	●	26	39	34	23	41

11:y
12:x
13:y
14:x
20:y
21:y
24:x
25:z
26:z
32:y
33:z
34:z
42:x
43:x

7	8	3	9	5	4	2	6	1
5	1	2	6	8	7	4	3	9
4	9	6	1	3	2	7	8	5
3	5	9	8	2	6	1	7	4
6	2	8	7	4	1	5	9	3
1	4	7	3	9	5	8	2	6
9	3	4	2	1	8	6	5	7
8	6	5	4	7	3	9	1	2
2	7	1	5	6	9	3	4	8

119

12	11	●	1	●	●	8	23	17
21	●	10	43	46	47	●	20	27
●	31	25	●	5	6	7	●	16
55	54	●	41	44	42	39	53	●
●	56	33	51	45	38	40	50	●
●	35	32	34	48	36	●	57	29
13	●	28	30	26	●	2	15	●
9	18	●	49	52	37	3	●	19
59	58	14	●	●	4	●	22	24

2:z
3:z
5:x
9:z
10:z
12:z
13:z
14:z
15:z
16:z
35:x
36:z
37:z
38:z

6	2	4	5	8	9	7	1	3
8	5	1	3	4	7	2	6	9
9	7	3	1	6	2	4	5	8
1	9	2	8	7	3	5	4	6
3	4	6	9	1	5	8	2	7
5	8	7	6	2	4	3	9	1
7	6	9	2	5	8	1	3	4
2	3	8	4	9	1	6	7	5
4	1	5	7	3	6	9	8	2

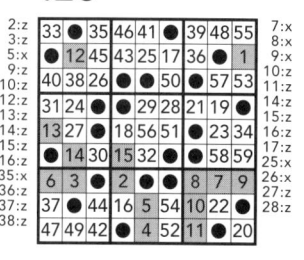

120

33	●	35	46	41	●	39	48	55
●	12	45	43	25	17	36	●	1
40	38	26	●	●	50	●	57	53
31	24	●	●	29	28	21	19	●
13	27	●	18	56	51	●	23	34
●	14	30	15	32	●	●	58	59
6	3	●	2	●	●	8	7	9
37	●	44	16	5	54	10	22	●
47	49	42	●	4	52	11	●	20

7:x
8:x
9:x
10:z
11:z
14:z
15:z
16:z
17:z
25:x
26:x
27:z
28:z

4	1	2	3	8	6	9	5	7
7	6	3	9	5	2	4	8	1
5	8	9	1	4	7	2	6	3
1	9	7	6	3	4	5	2	8
6	3	5	2	7	8	1	9	4
8	2	4	5	1	9	3	7	6
9	7	6	4	2	3	8	1	5
2	4	1	8	6	5	7	3	9
3	5	8	7	9	1	6	4	2

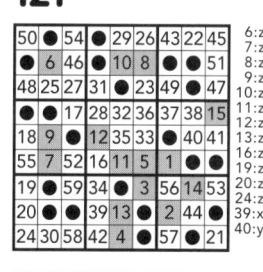

121

50	●	54	●	29	26	43	22	45
●	6	46	●	10	8	●	●	51
48	25	27	31	●	23	49	●	47
●	●	17	28	32	36	37	38	15
18	9	●	12	35	33	●	40	41
55	7	52	16	11	5	1	●	●
19	●	59	34	●	3	56	14	53
20	●	●	39	13	●	2	44	●
24	30	58	42	4	●	57	●	21

6:z
7:z
8:z
9:z
10:z
11:z
12:z
13:y
16:z
19:z
24:z
39:x
40:y

8	4	6	9	5	3	7	2	1
1	2	7	8	6	4	3	5	9
9	3	5	1	7	2	4	6	8
5	7	2	3	1	9	8	4	6
4	1	3	6	8	5	2	9	7
6	8	9	2	4	7	5	1	3
7	6	1	5	2	8	9	3	4
2	9	8	4	3	1	6	7	5
3	5	4	7	9	6	1	8	2

122

3	4	●	23	●	●	27	32	31
19	●	13	●	52	58	17	●	1
●	18	20	42	36	34	●	8	16	26
21	●	46	●	59	56	12	11	●
●	9	43	2	47	48	38	25	●
●	5	45	35	37	●	28	●	●
53	14	29	33	49	40	7	55	●
44	●	30	41	54	●	24	●	15
57	6	22	●	●	50	●	51	10

5:z
6:z
9:z
10:z
19:x
21:z
22:z
23:z
24:z
25:z
26:z
34:y
35:y

8	1	6	9	2	4	3	7	5
9	3	4	8	5	7	6	1	2
2	7	5	6	1	3	8	4	9
3	5	9	1	7	6	4	2	8
7	2	1	4	9	8	5	3	6
4	6	8	5	3	2	1	9	7
5	4	7	2	8	1	9	6	3
1	8	2	3	6	9	7	5	4
6	9	3	7	4	5	2	8	1

123

55	19	51	54	7	●	10	●	59
5	●	●	20	●	23	6	1	●
26	●	52	58	8	●	●	4	3	57
37	31	50	24	30	46	●	13	●
49	●	18	15	34	22	14	●	48
●	21	●	17	9	47	44	2	45
32	28	33	●	41	38	39	●	42
●	27	25	11	●	29	●	●	12
53	●	56	●	36	35	43	16	40

1:z
2:z
3:z
4:z
6:z
9:z
10:z
12:x
20:x
21:y
25:x
31:z
32:z
33:z
34:z
35:z

2	7	9	1	4	8	3	5	6
8	3	6	2	7	5	4	9	1
5	4	1	6	9	3	8	7	2
6	8	4	5	1	9	2	3	7
9	5	7	3	6	2	1	8	4
1	2	3	7	8	4	9	6	5
3	1	8	4	5	6	7	2	9
7	9	5	8	2	1	6	4	3
4	6	2	9	3	7	5	1	8

124

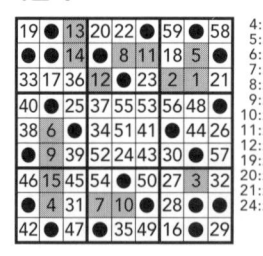

19	●	13	20	22	●	59	●	58
●	●	14	●	8	11	18	5	●
33	17	36	12	●	23	2	1	21
40	●	25	37	55	53	56	48	●
38	6	●	34	51	41	●	44	26
●	9	39	52	24	43	30	●	57
46	15	45	54	●	50	27	3	32
●	4	31	7	10	●	28	●	●
42	●	47	●	35	49	16	●	29

4:z 5:z 6:z 7:z 8:z 9:z 10:z 11:z 12:z 19:z 20:z 21:z 24:z

2	9	6	5	1	8	4	3	7
5	1	4	9	7	3	8	2	6
3	7	8	6	4	2	9	5	1
1	3	2	8	5	4	7	6	9
8	4	7	3	6	9	5	1	2
6	5	9	7	2	1	3	8	4
7	6	1	4	3	5	2	9	8
4	8	3	2	9	6	1	7	5
9	2	5	1	8	7	6	4	3

125

13	●	16	26	25	20	●	7	●
●	4	8	●	19	●	31	28	29
14	5	●	23	55	57	3	21	●
32	●	41	●	45	48	54	●	35
33	15	39	43	27	53	49	30	37
18	●	38	40	17	●	44	●	36
●	59	2	50	52	42	●	22	51
10	11	12	●	1	●	6	9	●
●	58	●	24	47	46	34	●	56

4:z 5:z 6:z 8:z 9:z 12:x 18:z 19:z 20:z 21:z 22:z 23:z 24:z 28:y 34:z 35:z

9	1	6	8	3	5	2	7	4
2	5	4	9	1	7	6	8	3
8	7	3	4	6	2	9	1	5
3	8	5	2	7	6	4	9	1
6	9	1	5	8	4	7	3	2
7	4	2	1	9	3	5	6	8
5	6	8	7	2	1	3	4	9
4	3	9	6	5	8	1	2	7
1	2	7	3	4	9	8	5	6

126

52	59	15	12	●	●	46	50	53
28	57	●	9	3	●	34	55	16
32	●	8	●	23	22	●	41	39
30	31	●	6	10	25	7	●	●
●	1	27	26	40	24	35	14	●
●	●	11	5	37	13	●	38	4
36	29	●	21	20	●	56	●	18
45	48	19	●	2	51	●	54	44
47	33	17	●	●	58	42	49	43

6:z 7:z 8:z 9:z 10:z 12:z 13:z 15:y 28:z 29:z 32:z 33:z 34:z 35:y 36:x

6	1	3	9	8	5	2	4	7
5	7	9	4	6	2	8	1	3
2	4	8	3	1	7	6	5	9
3	9	5	7	4	6	1	2	8
7	2	6	8	9	1	5	3	4
1	8	4	2	5	3	7	9	6
8	3	2	5	7	9	4	6	1
9	6	7	1	2	4	3	8	5
4	5	1	6	3	8	9	7	2

127

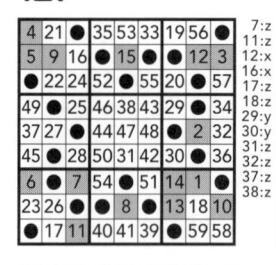

4	21	●	35	53	33	19	56	●
5	9	16	●	15	●	●	12	3
●	22	24	52	●	55	20	●	57
49	●	25	46	38	43	29	●	34
37	27	●	44	47	48	●	2	32
45	●	28	50	31	42	30	●	36
6	●	7	54	●	51	14	1	●
23	26	●	●	8	●	13	18	10
●	17	11	40	41	39	●	59	58

7:z 11:z 12:x 16:x 17:z 18:z 29:y 30:y 31:z 32:z 37:z 38:z

9	7	8	1	3	2	5	6	4
3	4	6	9	5	7	2	1	8
5	1	2	6	8	4	7	9	3
4	6	7	5	9	1	3	8	2
8	2	5	7	6	3	9	4	1
1	3	9	4	2	8	6	7	5
6	9	4	3	1	5	8	2	7
7	8	3	2	4	6	1	5	9
2	5	1	8	7	9	4	3	6

128

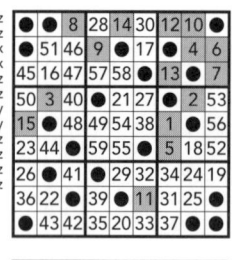

●	●	8	28	14	30	12	10	●
●	51	46	9	●	17	●	4	6
45	16	47	57	58	●	13	●	7
50	3	40	●	21	27	●	2	53
15	●	48	49	54	38	1	●	56
23	44	●	59	55	●	5	18	52
26	●	41	●	29	32	34	24	19
36	22	●	39	●	11	31	25	●
●	43	42	35	20	33	37	●	●

4:z 6:z 7:z 9:z 10:z 15:y 16:z 17:z 18:z 19:z 20:x 21:y 22:z 27:z 33:y

7	4	8	5	2	9	3	6	1
6	5	2	3	8	1	9	7	4
9	1	3	7	4	6	2	5	8
3	7	4	1	9	5	8	2	6
2	9	5	6	7	8	1	4	3
8	6	1	4	3	2	7	9	5
1	3	6	2	5	7	4	8	9
4	8	7	9	6	3	5	1	2
5	2	9	8	1	4	6	3	7

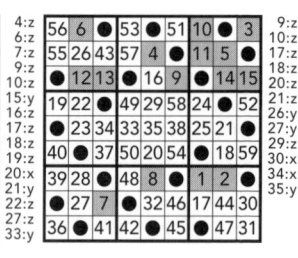

129

56	6	●	53	●	51	10	●	3
55	26	43	57	4	●	11	5	●
●	12	13	●	16	9	●	14	15
19	22	●	49	29	58	24	●	52
●	23	34	33	35	38	25	21	●
40	●	37	50	20	54	●	18	59
39	28	●	48	8	●	1	2	●
●	27	7	●	32	46	17	44	30
36	●	41	42	●	45	●	47	31

9:z 10:z 17:z 18:z 20:z 21:z 26:y 27:y 29:z 30:x 34:x 35:y

3	6	7	2	8	4	9	1	5
4	1	8	3	5	9	7	6	2
5	9	2	6	1	7	4	8	3
9	4	3	8	7	6	2	5	1
6	2	1	9	3	5	8	7	4
8	7	5	1	4	2	3	9	6
7	3	9	4	6	1	5	2	8
2	8	6	5	9	3	1	4	7
1	5	4	7	2	8	6	3	9

130

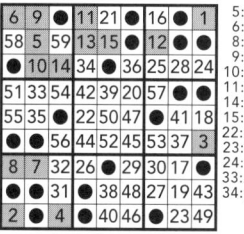

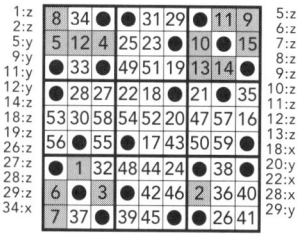

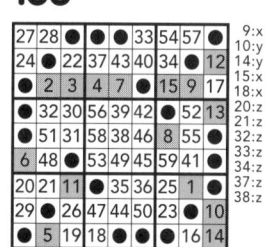

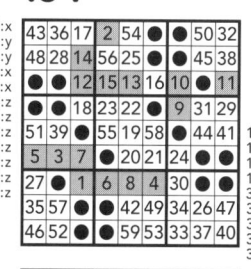

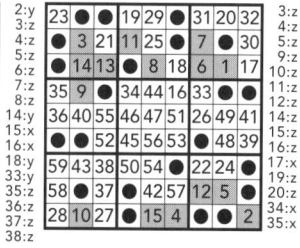

6	9	●	11	21	●	16	●	1
58	5	59	13	15	●	12	●	●
●	10	14	34	●	36	25	28	24
51	33	54	42	39	20	57	●	●
55	35	●	22	50	47	●	41	18
●	●	56	44	52	45	53	37	3
8	7	32	26	●	29	30	17	●
●	●	31	●	38	48	27	19	43
2	●	4	●	40	46	●	23	49

5:z 6:z 8:z 9:z 10:z 11:z 14:z 15:z 22:x 23:z 24:z 33:x 34:y

8	9	7	2	1	6	3	4	5
5	1	6	7	3	4	2	8	9
2	4	3	9	5	8	6	1	7
1	7	5	8	2	3	4	9	6
6	2	8	4	9	1	5	7	3
9	3	4	5	6	7	1	2	8
4	8	2	6	7	5	9	3	1
3	6	9	1	8	2	7	5	4
7	5	1	3	4	9	8	6	2

131

●	15	8	44	19	●	28	17	37
58	55	●	32	●	41	●	39	22
46	●	11	30	14	●	42	●	35
20	56	12	54	26	53	●	3	●
49	●	9	59	2	13	34	●	31
●	57	●	10	1	50	25	4	36
52	●	6	●	43	27	23	●	40
16	18	●	47	●	51	●	5	29
33	45	7	●	48	21	24	38	●

1:z 2:z 5:y 9:y 11:y 12:y 14:z 18:z 19:z 26:z 27:z 28:z 29:z 34:x

1	6	9	3	4	8	2	7	5
8	7	2	9	1	5	6	3	4
5	4	3	2	6	7	8	9	1
2	8	6	4	9	1	3	5	7
3	9	7	8	5	6	1	4	2
4	1	5	7	2	3	9	6	8
7	5	1	6	8	9	4	2	3
6	2	8	5	3	4	7	1	9
9	3	4	1	7	2	5	8	6

132

8	34	●	●	31	29	●	11	9
5	12	4	25	23	●	10	●	15
●	33	●	49	51	19	13	14	●
●	28	27	22	18	●	21	●	35
53	30	58	54	52	20	47	57	16
56	●	55	●	17	43	50	59	●
●	1	32	48	44	24	●	38	●
6	●	3	●	42	46	2	36	40
7	37	●	39	45	●	●	26	41

5:z 6:z 7:z 8:z 9:z 10:z 11:z 12:z 13:z 18:x 20:y 22:x 28:x 29:y

3	2	5	8	4	7	6	9	1
4	8	9	6	1	3	2	7	5
6	7	1	9	2	5	3	8	4
8	4	7	1	5	6	9	2	3
1	3	6	2	7	9	4	5	8
5	9	2	3	8	4	1	6	7
2	5	4	7	6	1	8	3	9
9	1	8	5	3	2	7	4	6
7	6	3	4	9	8	5	1	2

133

27	28	●	●	●	33	54	57	●
24	●	22	37	43	40	34	●	12
●	2	3	4	7	●	15	9	17
●	32	30	56	39	42	●	52	13
●	51	31	58	38	46	8	55	●
6	48	●	53	49	45	59	41	●
20	21	11	●	35	36	25	1	●
29	●	26	47	44	50	23	●	10
●	5	19	18	●	●	●	16	14

9:x 10:y 14:y 15:x 18:x 20:z 21:z 32:z 33:z 34:z 37:z 38:z

4	8	7	6	5	2	3	9	1
1	9	3	4	8	7	2	6	5
2	5	6	1	9	3	4	8	7
9	7	8	5	4	6	1	3	2
3	2	4	9	7	1	6	5	8
6	1	5	2	3	8	9	7	4
7	3	9	8	2	4	5	1	6
8	4	1	3	6	5	7	2	9
5	6	2	7	1	9	8	4	3

134

43	36	17	2	54	●	●	50	32
48	28	14	56	25	●	●	45	38
●	●	12	15	13	16	10	●	11
●	●	18	23	22	●	9	31	29
51	39	●	55	19	58	●	44	41
5	3	7	●	20	21	24	●	●
27	●	1	6	8	4	30	●	●
35	57	●	●	42	49	34	26	47
46	52	●	●	59	53	33	37	40

2:y 3:z 4:z 5:z 6:z 7:z 8:z 14:y 15:x 16:x 18:y 33:y 35:z 36:z 37:z 38:z

5	8	2	4	3	9	1	6	7
3	9	1	6	2	7	4	8	5
6	4	7	5	1	8	3	2	9
4	5	8	2	9	1	6	7	3
7	1	9	3	8	6	2	5	4
2	3	6	7	5	4	9	1	8
9	2	4	1	7	5	8	3	6
1	6	5	8	4	3	7	9	2
8	7	3	9	6	2	5	4	1

135

23	●	●	19	29	●	31	20	32
●	3	21	11	25	●	7	●	30
●	14	13	●	8	18	6	1	17
35	9	●	34	44	16	33	●	●
36	40	55	46	47	51	26	49	41
●	●	52	45	56	53	●	48	39
59	43	38	50	54	●	22	24	●
58	●	37	●	42	57	12	5	●
28	10	27	●	15	4	●	●	2

3:z 4:z 5:z 9:z 10:z 11:z 12:z 14:z 15:z 16:z 17:x 19:z 20:z 34:x 35:x

2	3	7	8	4	9	1	5	6
1	9	5	7	2	6	3	8	4
4	8	6	5	3	1	9	7	2
9	1	8	3	5	2	6	4	7
5	7	4	9	6	8	2	3	1
6	2	3	1	7	4	8	9	5
7	4	1	6	8	3	5	2	9
8	5	9	2	1	7	4	6	3
3	6	2	4	9	5	7	1	8

136

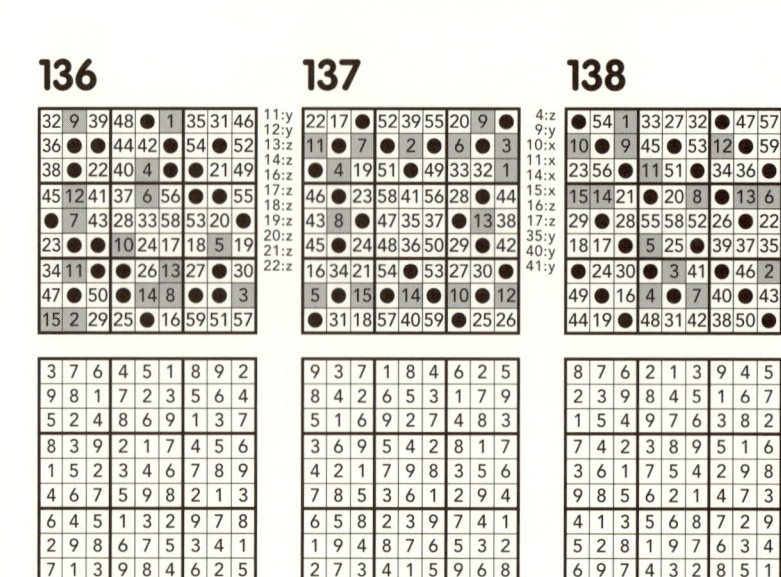

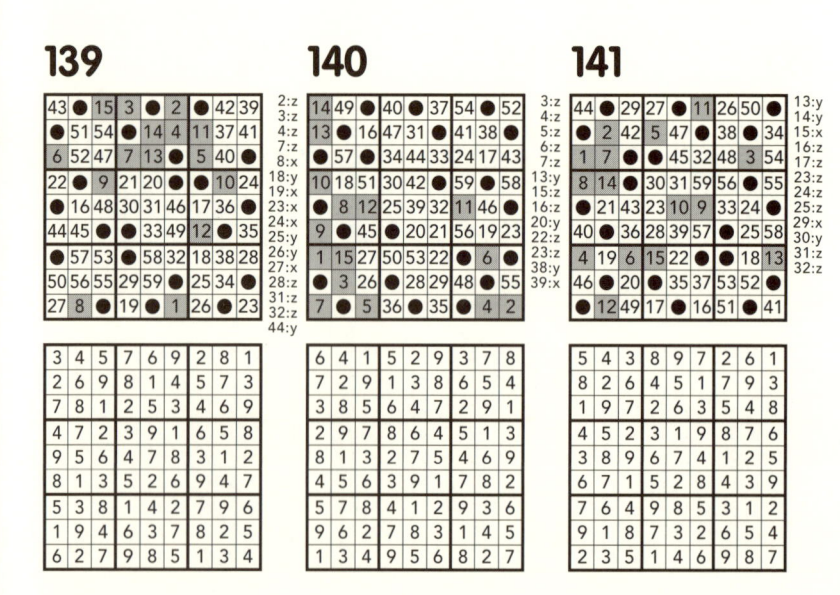

32	9	39	48	●	1	35	31	46
36	●	●	44	42	●	54	●	52
38	●	22	40	4	●	●	21	49
45	12	41	37	6	56	●	●	55
●	7	43	28	33	58	53	20	●
23	●	●	10	24	17	18	5	19
34	11	●	●	26	13	27	●	30
47	●	50	●	14	8	●	●	3
15	2	29	25	●	16	59	51	57

11:y 12:y 13:z 14:z 16:z 17:z 18:z 19:y 20:z 21:z 22:z

3	7	6	4	5	1	8	9	2
9	8	1	7	2	3	5	6	4
5	2	4	8	6	9	1	3	7
8	3	9	2	1	7	4	5	6
1	5	2	3	4	6	7	8	9
4	6	7	5	9	8	2	1	3
6	4	5	1	3	2	9	7	8
2	9	8	6	7	5	3	4	1
7	1	3	9	8	4	6	2	5

137

22	17	●	52	39	55	20	9	●
11	●	7	●	2	●	6	●	3
●	4	19	51	●	49	33	32	1
46	●	23	58	41	56	28	●	44
43	8	●	47	35	37	●	13	38
45	●	24	48	36	50	29	●	42
16	34	21	54	●	53	27	30	●
5	●	15	●	14	●	10	●	12
●	31	18	57	40	59	●	25	26

4:z 9:y 10:x 11:x 14:x 15:x 16:z 17:z 35:y 40:y 41:y

9	3	7	1	8	4	6	2	5
8	4	2	6	5	3	1	7	9
5	1	6	9	2	7	4	8	3
3	6	9	5	4	2	8	1	7
4	2	1	7	9	8	3	5	6
7	8	5	3	6	1	2	9	4
6	5	8	2	3	9	7	4	1
1	9	4	8	7	6	5	3	2
2	7	3	4	1	5	9	6	8

138

●	54	1	33	27	32	●	47	57
10	●	9	45	●	53	12	●	59
23	56	●	11	51	●	10	34	36
15	14	21	●	20	8	●	13	6
29	●	28	55	58	52	26	●	22
18	17	●	5	25	●	39	37	35
●	24	30	●	3	41	●	46	2
49	●	16	4	●	7	40	●	43
44	19	●	48	31	42	38	50	●

3:x 12:x 15:z 16:x 21:x 22:y 23:z 24:z 25:z 26:z 31:z

8	7	6	2	1	3	9	4	5
2	3	9	8	4	5	1	6	7
1	5	4	9	7	6	3	8	2
7	4	2	3	8	9	5	1	6
3	6	1	7	5	4	2	9	8
9	8	5	6	2	1	4	7	3
4	1	3	5	6	8	7	2	9
5	2	8	1	9	7	6	3	4
6	9	7	4	3	2	8	5	1

139

43	●	15	3	●	2	●	42	39
●	51	54	●	14	4	11	37	41
6	52	47	7	13	●	5	40	●
22	●	9	21	20	●	●	10	24
●	16	48	30	31	46	17	36	●
44	45	●	●	33	49	12	●	35
●	57	53	●	58	32	18	38	28
50	56	55	29	59	●	25	34	●
27	8	●	19	●	1	26	●	23

2:z 3:z 4:z 7:z 8:x 18:y 19:y 23:x 24:x 25:y 26:y 27:x 28:z 31:z 32:z 44:y

3	4	5	7	6	9	2	8	1
2	6	9	8	1	4	5	7	3
7	8	1	2	5	3	4	6	9
4	7	2	3	9	1	6	5	8
9	5	6	4	7	8	3	1	2
8	1	3	5	2	6	9	4	7
5	3	8	1	4	2	7	9	6
1	9	4	6	3	7	8	2	5
6	2	7	9	8	5	1	3	4

140

14	49	●	40	●	37	54	●	52
13	●	16	47	31	●	41	38	●
●	57	●	34	44	33	24	17	43
10	18	51	30	42	●	59	●	58
●	8	12	25	39	32	11	46	●
9	●	45	●	20	21	56	19	23
1	15	27	50	53	22	●	6	●
●	3	26	●	28	29	48	●	55
7	●	5	36	●	35	●	4	2

3:z 4:z 5:z 6:z 7:z 13:y 15:z 16:z 20:y 22:z 23:z 28:z 38:y 39:x

6	4	1	5	2	9	3	7	8
7	2	9	1	3	8	6	5	4
3	8	5	6	4	7	2	9	1
2	9	7	8	6	4	5	1	3
8	1	3	2	7	5	4	6	9
5	6	4	3	9	1	7	8	2
5	7	8	4	1	2	9	3	6
9	6	2	7	8	3	1	4	5
1	3	4	9	5	6	8	2	7

141

44	●	29	27	●	11	26	50	●
●	2	42	5	47	●	38	●	34
1	7	●	●	45	32	48	3	54
8	14	●	30	31	59	56	●	55
●	21	43	23	10	9	●	33	24
40	●	36	28	39	57	●	25	58
4	19	6	15	22	●	●	18	13
46	●	20	●	35	37	53	52	●
●	12	49	17	●	16	51	●	41

13:y 14:y 15:x 16:x 17:x 23:x 24:z 25:z 29:x 30:y 31:x 32:z

5	4	3	8	9	7	2	6	1
8	2	6	4	5	1	7	9	3
1	9	7	2	6	3	5	4	8
4	5	2	3	1	9	8	7	6
3	8	9	6	7	4	1	2	5
6	7	1	5	2	8	4	3	9
7	6	4	9	8	5	3	1	2
9	1	8	7	3	2	6	5	4
2	3	5	1	4	6	9	8	7

142

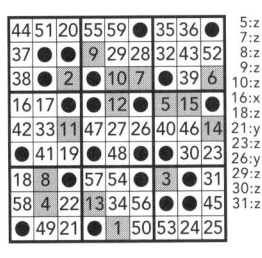

44	51	20	55	59	●	35	36	●
37	●	●	9	29	28	32	43	52
38	●	2	●	10	7	●	39	6
16	17	●	●	12	●	5	15	●
42	33	11	47	27	26	40	46	14
●	41	19	●	48	●	●	30	23
18	8	●	57	54	●	3	●	31
58	4	22	13	34	56	●	●	45
●	49	21	●	1	50	53	24	25

5:z
7:z
8:z
9:z
10:z
16:x
18:z
21:y
23:z
26:y
29:z
30:z
31:z

5	8	2	1	4	3	9	6	7
9	4	1	5	6	7	2	3	8
3	6	7	2	8	9	4	5	1
4	5	8	6	3	2	1	7	9
1	2	3	9	7	4	6	8	5
7	9	6	8	1	5	3	2	4
6	3	5	4	9	8	7	1	2
8	7	4	3	2	1	5	9	6
2	1	9	7	5	6	8	4	3

143

14	7	48	23	45	●	●	35	47
3	●	●	31	13	37	22	●	32
5	●	40	52	●	51	41	33	●
58	29	11	●	54	56	20	25	●
57	8	●	19	28	59	●	46	38
●	26	15	49	55	●	44	24	1
●	4	17	12	●	39	21	●	43
9	●	18	30	53	50	●	●	2
10	6	●	●	16	42	27	34	36

8:y
9:z
10:z
11:z
13:x
14:z
15:z
21:z
22:z
24:x
25:z
31:y
32:x

6	7	9	3	5	4	2	1	8
4	5	8	2	1	6	3	7	9
2	3	1	9	7	8	5	6	4
3	9	5	6	8	2	7	4	1
8	1	2	7	4	3	9	5	6
7	4	6	5	9	1	8	3	2
5	8	4	1	3	9	6	2	7
9	6	7	4	2	5	1	8	3
1	2	3	8	6	7	4	9	5

144

●	53	1	●	35	33	43	48	13
29	●	30	54	3	●	47	●	9
31	51	18	50	●	●	6	2	4
●	8	17	52	58	27	●	●	57
39	32	●	55	56	37	●	42	59
38	●	●	34	44	36	40	25	●
23	28	26	●	●	20	45	41	22
16	●	15	●	12	19	14	●	10
24	7	11	46	49	●	21	5	●

8:z
9:z
10:z
11:z
12:z
13:z
19:x
20:z
21:z
22:z
31:z
32:z

9	7	1	2	6	5	4	8	3
4	6	2	8	9	3	7	1	5
5	8	3	7	1	4	9	2	6
8	4	6	3	7	9	2	5	1
3	5	9	1	8	2	6	4	7
2	1	7	5	4	6	3	9	8
1	2	4	6	5	7	8	3	9
6	3	8	9	2	1	5	7	4
7	9	5	4	3	8	1	6	2

145

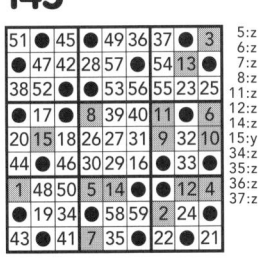

51	●	45	●	49	36	37	●	3
●	47	42	28	57	●	54	13	●
38	52	●	●	53	56	55	23	25
●	17	●	8	39	40	11	●	6
20	15	18	26	27	31	9	32	10
44	●	46	30	29	16	●	33	●
1	48	50	5	14	●	●	12	4
●	19	34	●	58	59	2	24	●
43	●	41	7	35	●	22	●	21

5:z
6:z
7:z
8:z
11:z
12:z
14:z
15:y
34:z
35:z
36:z
37:z

5	3	1	7	4	6	2	8	9
6	4	8	2	3	9	7	1	5
2	7	9	1	5	8	3	6	4
4	9	3	8	6	7	1	5	2
7	1	6	5	2	4	8	9	3
8	2	5	3	9	1	6	4	7
3	5	4	6	1	2	9	7	8
9	6	7	4	8	3	5	2	1
1	8	2	9	7	5	4	3	6

146

18	34	23	57	59	53	32	37	●
16	●	22	31	5	●	30	●	28
11	33	●	38	●	20	●	35	36
43	●	19	●	12	●	39	51	27
3	21	●	56	41	58	●	44	46
50	9	17	●	48	●	40	●	2
14	8	●	54	●	10	●	47	45
4	●	6	●	29	24	26	●	15
●	1	13	52	25	7	49	55	42

5:x
6:x
8:z
9:z
10:z
16:z
17:z
18:z
19:z
24:z
25:z
31:x
32:y

1	5	9	2	7	4	3	8	6
8	7	4	3	5	6	9	1	2
6	3	2	8	9	1	7	5	4
2	4	3	5	6	9	8	7	1
9	1	5	7	8	2	6	4	3
7	6	8	1	4	3	2	9	5
4	8	1	6	2	7	5	3	9
5	9	6	4	3	8	1	2	7
3	2	7	9	1	5	4	6	8

147

53	●	49	24	55	●	1	12	48
●	●	50	●	●	19	9	17	44
39	2	43	18	32	54	●	16	51
46	●	52	29	13	●	38	10	●
41	●	23	22	37	25	40	●	11
●	35	36	●	58	59	42	●	21
3	30	●	26	27	31	7	8	34
47	5	45	6	●	●	4	●	●
56	15	57	●	28	14	20	●	33

5:z
6:z
15:y
16:y
18:z
19:z
20:z
21:z
24:z
25:z
35:y
36:z
37:z
38:z

1	7	5	6	9	3	2	4	8
6	9	8	4	2	1	5	7	3
3	4	2	8	7	5	1	6	9
2	8	9	3	4	6	7	1	5
7	5	6	1	8	2	3	9	4
4	1	3	7	5	9	8	2	6
8	3	4	2	6	7	9	5	1
5	6	7	9	1	8	4	3	2
9	2	1	5	3	4	6	8	7

148

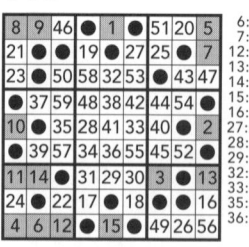

8	9	46	●	1	●	51	20	5
21	●	●	19	●	27	25	●	7
23	●	50	58	32	53	●	43	47
●	37	59	48	38	42	44	54	●
10	●	35	28	41	33	40	●	2
●	39	57	34	36	55	45	52	●
11	14	●	31	29	30	3	●	13
24	●	22	17	●	18	●	●	16
4	6	12	●	15	●	49	26	56

6:z
7:z
12:z
13:z
14:z
15:z
16:z
27:x
28:z
29:z
32:z
33:z
35:z
36:z

6	1	3	5	2	9	8	7	4
7	5	2	4	8	3	9	1	6
9	4	8	6	7	1	2	3	5
8	3	6	1	9	2	4	5	7
1	7	9	8	4	5	3	6	2
4	2	5	7	3	6	1	8	9
5	9	1	2	6	8	7	4	3
3	8	7	9	5	4	6	2	1
2	6	4	3	1	7	5	9	8

149

5	●	8	29	33	32	34	●	●
●	40	48	●	36	38	31	4	●
6	14	●	45	●	43	12	9	10
23	●	37	2	41	●	49	19	13
15	46	●	39	11	35	●	58	59
20	27	44	●	30	28	47	●	26
21	7	16	3	●	1	●	17	22
●	51	52	54	24	●	18	57	●
●	●	55	53	42	50	25	●	56

4:y
9:z
10:z
11:x
12:z
13:z
14:z
16:x
17:x
18:z
19:z
22:x
23:y
24:y
25:z

9	8	7	4	1	6	3	5	2
2	1	6	8	3	5	4	9	7
4	5	3	2	9	7	1	6	8
6	4	1	9	2	3	8	7	5
5	2	9	7	8	1	6	3	4
7	3	8	5	6	4	2	1	9
3	9	5	1	4	8	7	2	6
8	6	2	3	7	9	5	4	1
1	7	4	6	5	2	9	8	3

150

37	10	●	56	54	49	●	27	33
34	●	9	●	22	39	24	●	11
●	3	4	1	●	36	35	5	●
29	●	47	●	55	43	50	48	32
30	15	●	25	41	44	●	52	42
12	13	45	46	51	●	53	●	31
●	21	7	23	●	20	19	6	●
14	●	16	8	26	●	40	●	38
2	18	●	58	59	57	●	28	17

3:z
4:z
5:z
6:z
7:z
9:z
10:z
12:x
25:z
26:z
27:z
28:z

4	3	8	5	7	9	1	6	2
2	1	9	6	8	4	5	7	3
6	5	7	1	3	2	4	8	9
7	4	1	8	2	6	9	3	5
5	9	2	7	4	3	8	1	6
3	8	6	9	1	5	2	4	7
9	2	3	4	6	8	7	5	1
8	7	5	3	9	1	6	2	4
1	6	4	2	5	7	3	9	8

デコボコ・ナンプレ 解答

1 7×7

11	39	6	38	●	32	1
●	30	29	●	21	7	2
17	20	34	33	10	31	●
16	3	●	18	8	●	13
15	14	9	●	22	19	23
●	37	35	36	5	12	27
4	●	28	25	24	●	26

5	7	6	4	2	3	1
1	2	7	5	3	6	4
3	4	1	2	5	7	6
2	6	3	7	1	4	5
4	1	5	6	7	2	3
7	3	4	1	6	5	2
6	5	2	3	4	1	7

2 7×7

●	17	2	22	28	27	18
11	●	8	●	12	5	●
6	19	23	30	29	●	9
35	●	13	●	7	38	37
34	33	24	4	10	●	15
20	32	●	31	●	14	36
21	●	3	16	25	26	1

5	1	4	6	3	2	7
1	2	3	5	7	4	6
4	7	6	3	2	1	5
3	4	5	7	1	6	2
6	3	2	4	5	7	1
7	6	1	2	4	5	3
2	5	7	1	6	3	4

3 7×7

15	34	25	●	7	36	37
33	●	35	5	●	38	39
●	23	32	30	31	●	16
10	11	4	24	29	18	●
27	3	26	8	19	22	28
●	14	12	13	9	●	2
1	●	17	20	●	6	21

3	2	1	4	5	6	7
7	3	6	5	1	4	2
5	1	4	2	6	7	3
4	7	5	1	2	3	6
6	5	2	7	3	1	4
1	6	7	3	4	2	5
2	4	3	6	7	5	1

4 7×7

11	26	25	21	●	1	●
12	7	5	13	8	●	2
30	●	29	9	6	10	●
●	17	●	19	18	15	14
36	37	32	●	20	16	27
34	4	28	22	●	23	33
38	39	31	●	3	24	35

7	5	4	3	1	6	2
3	1	6	2	7	4	5
1	4	2	7	5	3	6
6	7	5	4	2	1	3
5	2	3	6	4	7	1
4	6	1	5	3	2	7
2	3	7	1	6	5	4

5 7×7

1	36	34	●	37	16	●
28	29	23	11	13	●	30
●	12	33	2	●	32	19
9	●	10	●	3	7	●
22	35	4	14	38	6	31
18	●	8	●	15	26	24
27	21	17	20	●	25	5

6	5	4	1	3	2	7
4	3	1	7	2	6	5
5	7	3	6	1	4	2
7	2	5	3	6	1	4
1	4	6	2	5	7	3
2	6	7	5	4	3	1
3	1	2	4	7	5	6

6 7×7

11	13	28	●	39	25	26
7	6	●	15	16	●	17
9	●	4	31	34	5	33
●	10	29	3	35	●	32
18	12	19	14	●	2	1
20	●	30	●	36	24	27
21	8	22	38	37	23	●

5	2	1	3	4	6	7
6	7	2	4	3	5	1
4	1	6	7	2	3	5
7	3	5	6	1	4	2
1	5	3	2	6	7	4
3	4	7	1	5	2	6
2	6	4	5	7	1	3

7 7×7

1	6	●	25	26	4	●
7	●	19	16	3	●	15
●	13	●	9	28	27	29
32	21	18	●	8	38	●
31	2	11	14	23	37	30
33	●	12	24	34	22	5
●	20	17	●	35	36	10

7	1	2	5	3	4	6
1	3	5	6	4	7	2
6	2	4	7	1	3	5
3	5	6	4	7	2	1
5	4	7	2	6	1	3
2	7	1	3	5	6	4
4	6	3	1	2	5	7

8 7×7

1	37	22	●	19	14	32
26	16	●	7	27	●	11
●	38	5	9	28	31	35
18	●	13	●	4	36	●
8	30	25	2	29	●	15
20	●	6	●	12	33	34
21	24	23	10	●	17	3

5	7	1	2	6	4	3
2	4	3	7	1	5	6
4	3	5	6	2	7	1
3	6	4	1	5	2	7
7	1	2	5	3	6	4
6	5	7	3	4	1	2
1	2	6	4	7	3	5

9 7×7

10	●	3	4	●	35	36
15	28	29	7	17	●	21
16	●	20	8	9	19	●
25	27	5	●	24	11	38
26	14	30	23	32	37	39
6	●	12	1	●	18	●
●	2	31	22	13	34	33

2	1	7	6	3	4	5
4	5	3	2	7	6	1
7	6	1	5	4	3	2
5	3	6	7	1	2	4
1	2	5	4	6	7	3
6	4	2	3	5	1	7
3	7	4	1	2	5	6

10 7×7

7	2	28	27	●	26	18
16	6	8	●	13	●	17
●	29	30	31	●	25	●
24	●	35	4	36	●	11
22	9	3	38	37	5	15
1	●	20	●	21	19	14
23	32	34	33	●	10	12

4	2	6	1	5	3	7
3	7	4	5	1	2	6
7	1	5	3	4	6	2
5	6	3	2	7	1	4
6	4	2	7	3	5	1
2	3	1	4	6	7	5
1	5	7	6	2	4	3

11 7×7

26	27	15	19	●	25	8
29	1	28	7	21	●	13
22	10	●	16	●	6	●
●	5	33	●	17	39	38
11	23	●	18	●	3	37
14	24	12	2	20	35	36
30	31	32	●	9	34	4

3	2	7	6	1	4	5
6	1	4	3	2	5	7
4	5	1	2	6	7	3
1	7	3	5	4	6	2
5	3	2	4	7	1	6
7	6	5	1	3	2	4
2	4	6	7	5	3	1

12 7×7

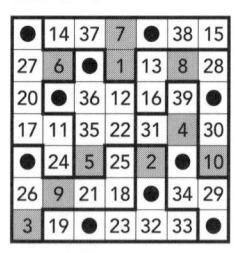

●	14	37	7	●	38	15
27	6	●	1	13	8	28
20	●	36	12	16	39	●
17	11	35	22	31	4	30
●	24	5	25	2	●	10
26	9	21	18	●	34	29
3	19	●	23	32	33	●

2	3	7	6	4	5	1
7	6	1	2	5	3	4
3	7	2	5	1	4	6
1	5	4	3	2	6	7
5	4	6	7	3	1	2
4	2	3	1	6	7	5
6	1	5	4	7	2	3

13 7×7

3	36	37	●	38	11	12
17	●	6	19	2	●	13
●	16	5	22	●	7	15
32	10	33	●	26	25	●
9	●	20	27	28	18	1
34	35	●	29	21	●	8
31	4	30	23	●	24	14

7	3	4	1	6	2	5
2	5	1	4	7	3	6
5	2	7	6	4	1	3
4	1	3	7	5	6	2
1	6	2	5	3	4	7
6	4	5	3	2	7	1
3	7	6	2	1	5	4

14 7×7

32	30	●	33	11	12	18
14	5	37	38	29	25	●
●	16	●	15	19	●	17
27	10	36	39	28	8	4
34	31	35	26	24	6	●
22	1	●	2	7	23	9
21	●	20	3	●	13	●

5	6	2	3	1	4	7
1	2	4	7	6	3	5
2	7	5	1	4	6	3
6	1	3	4	7	5	2
4	5	7	6	3	2	1
3	4	1	5	2	7	6
7	3	6	2	5	1	4

15 7×7

15	27	17	●	8	●	3
5	●	2	10	18	7	23
6	28	11	29	●	25	24
●	34	33	36	9	26	37
13	14	●	20	12	21	●
●	35	30	39	19	●	38
16	4	31	32	●	22	1

2	7	3	5	4	1	6
1	3	6	2	7	4	5
4	5	2	1	6	7	3
3	1	4	6	2	5	7
5	2	7	3	1	6	4
6	4	5	7	3	2	1
7	6	1	4	5	3	2

16 7×7

3	8	●	26	27	23	●
5	●	21	22	9	●	11
●	24	●	17	20	25	2
37	31	34	●	28	36	29
38	32	33	13	6	35	30
14	●	4	1	18	●	19
●	7	15	10	12	16	●

5	6	7	1	3	4	2
1	2	4	3	6	5	7
3	4	6	2	1	7	5
2	7	3	5	4	1	6
6	3	1	7	5	2	4
7	1	5	4	2	6	3
4	5	2	6	7	3	1

17 7×7

1	35	38	37	●	11	6
24	33	32	●	2	13	7
14	34	39	36	12	●	28
8	●	4	10	18	19	●
●	29	30	31	17	●	27
25	16	●	3	●	21	26
23	5	9	●	15	20	22

2	6	7	4	3	1	5
3	4	1	2	5	7	6
7	3	4	6	1	5	2
6	1	5	3	2	4	7
5	2	3	7	4	6	1
1	7	2	5	6	3	4
4	5	6	1	7	2	3

18 7×7

39	7	●	14	37	●	36
38	5	8	15	●	17	35
●	29	30	16	23	18	3
4	●	34	13	33	●	1
●	2	27	6	●	19	28
20	26	24	●	11	10	31
21	25	22	9	32	12	●

2	7	3	4	1	5	6
1	3	7	6	5	4	2
7	4	5	1	6	2	3
3	6	2	5	4	1	7
4	2	1	3	7	6	5
6	5	4	2	3	7	1
5	1	6	7	2	3	4

19 7×7

25	●	24	17	19	14	●
28	37	36	16	18	●	33
29	●	26	12	●	13	32
●	38	35	●	11	15	34
5	21	1	3	9	4	20
6	●	7	2	●	8	●
30	31	27	●	22	10	23

5	4	2	3	7	1	6
7	1	3	6	4	5	2
3	5	6	4	1	2	7
6	7	1	2	5	4	3
4	2	7	1	6	3	5
2	6	4	5	3	7	1
1	3	5	7	2	6	4

20 7×7

27	28	16	34	●	33	38
18	●	37	29	10	●	39
17	14	36	35	●	30	●
1	19	25	12	7	26	5
●	15	●	11	8	31	32
13	●	24	4	9	●	23
22	20	●	2	3	6	21

3	1	5	2	4	6	7
4	5	6	3	7	1	2
1	7	2	6	3	4	5
5	2	4	7	6	3	1
6	3	1	5	2	7	4
7	4	3	1	5	2	6
2	6	7	4	1	5	3

21 7×7

37	35	14	●	34	28	18
38	36	●	16	20	●	12
39	●	11	15	33	27	32
●	1	25	22	26	19	●
4	3	24	13	●	29	31
5	●	17	21	23	8	30
2	6	7	●	9	10	●

1	3	5	4	2	6	7
3	6	1	2	5	7	4
6	5	4	7	3	1	2
4	7	2	1	6	5	3
2	4	6	5	7	3	1
5	2	7	3	1	4	6
7	1	3	6	4	2	5

22 7×7

12	11	31	●	22	32	20
1	●	14	30	5	●	33
37	38	36	9	4	13	16
●	7	●	●	●	6	●
8	2	35	29	15	28	34
17	●	10	26	21	●	27
24	23	3	●	19	25	18

3	7	6	2	1	4	5
2	1	3	4	5	7	6
4	6	5	1	2	3	7
6	3	7	5	4	1	2
1	2	4	6	7	5	3
7	5	1	3	6	2	4
5	4	2	7	3	6	1

23 7×7

●	22	16	●	11	13	21
6	●	12	20	14	19	●
5	25	30	15	2	●	37
●	3	31	●	29	18	38
27	33	9	4	28	34	●
26	32	●	36	17	35	10
24	●	7	8	●	23	1

1	7	5	6	2	4	3
5	2	6	7	4	3	1
4	3	7	5	1	2	6
2	4	3	1	6	5	7
6	1	2	4	3	7	5
7	6	4	3	5	1	2
3	5	1	2	7	6	4

24 7×7

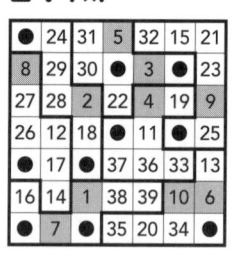

●	24	31	5	32	15	21
8	29	30	●	3	●	23
27	28	2	22	4	19	9
26	12	18	●	11	●	25
●	17	●	37	36	33	13
16	14	1	38	39	10	6
●	7	●	35	20	34	●

1	6	4	3	2	7	5
3	4	2	5	7	1	6
4	2	7	6	3	5	1
2	1	5	7	6	3	4
6	5	3	4	1	2	7
5	7	1	2	4	6	3
7	3	6	1	5	4	2

25 7×7

32	12	17	7	●	28	2
●	39	37	36	21	●	11
31	●	6	22	20	26	●
30	27	3	23	18	10	29
16	●	14	19	4	34	33
13	25	●	5	●	15	9
1	40	38	35	8	●	24

4	2	7	6	5	1	3
6	4	5	7	1	3	2
1	3	6	4	2	5	7
5	1	3	2	7	6	4
7	6	2	5	3	4	1
2	5	1	3	4	7	6
3	7	4	1	6	2	5

26 7×7

13	●	8	4	33	27	32
●	9	●	35	34	2	12
6	●	10	11	●	3	●
21	7	15	37	36	28	14
22	23	●	39	5	●	38
19	24	16	31	●	29	30
20	25	●	17	18	26	1

2	4	5	3	6	7	1
1	5	3	6	7	4	2
6	7	4	5	2	1	3
3	6	7	4	1	2	5
4	2	6	1	3	5	7
5	1	2	7	4	3	6
7	3	1	2	5	6	4

27 7×7

26	7	1	14	12	27	28
●	2	10	●	22	●	24
3	15	30	21	20	13	29
●	9	●	11	8	●	4
17	16	38	●	36	31	35
25	●	39	23	37	6	19
32	18	33	●	5	●	34

2	7	4	1	6	3	5
1	4	6	2	3	5	7
4	3	5	7	1	6	2
7	5	3	6	2	1	4
6	1	7	4	5	2	3
5	2	1	3	7	4	6
3	6	2	5	4	7	1

28 7×7

33	18	31	●	23	8	36
34	●	19	6	●	29	35
14	26	30	9	21	●	20
10	27	15	●	17	28	●
●	13	39	11	22	4	7
32	●	38	12	2	●	37
16	1	●	3	5	24	25

5	7	4	6	3	2	1
1	3	7	5	2	6	4
2	5	6	3	1	4	7
3	6	2	4	7	1	5
4	1	3	7	6	5	2
6	2	5	1	4	7	3
7	4	1	2	5	3	6

29 7×7

●	34	33	4	24	●	28
10	3	9	19	11	●	●
6	29	●	22	27	25	31
2	36	30	35	26	23	32
12	39	37	38	●	20	21
●	●	16	15	7	14	5
8	●	18	17	13	1	●

3	2	4	5	1	6	7
1	5	6	7	3	2	4
4	7	5	1	2	3	6
5	6	7	2	4	1	3
7	3	2	6	5	4	1
2	1	3	4	6	7	5
6	4	1	3	7	5	2

30 7×7

7	33	20	●	31	32	●
2	●	3	13	8	15	14
6	24	22	27	●	26	●
4	34	11	21	30	1	35
●	37	●	28	29	12	39
5	36	23	25	16	●	38
●	10	19	●	17	9	18

7	1	3	5	4	2	6
1	2	5	6	7	4	3
6	3	4	2	1	7	5
2	7	6	3	5	1	4
3	5	7	4	2	6	1
5	4	1	7	6	3	2
4	6	2	1	3	5	7

1 8×8

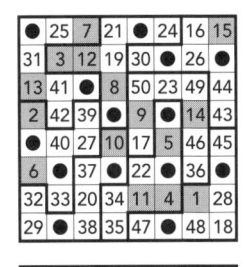

●	25	7	21	●	24	16	15
31	3	12	19	30	●	26	●
13	41	●	8	50	23	49	44
2	42	39	●	9	●	14	43
●	40	27	10	17	5	46	45
6	●	37	●	22	●	36	●
32	33	20	34	11	4	1	28
29	●	38	35	47	●	48	18

4	8	2	1	6	5	3	7
1	3	7	4	5	6	8	2
7	6	3	2	4	8	5	1
3	5	6	8	2	1	7	4
5	4	8	7	3	2	1	6
2	7	1	3	8	4	6	5
6	1	4	5	7	3	2	8
8	2	5	6	1	7	4	3

2 8×8

26	19	●	15	●	14	1	●
4	47	44	49	13	9	28	10
●	46	●	31	45	●	24	5
35	25	16	18	36	37	23	●
●	3	34	50	22	29	17	6
20	48	●	7	41	●	40	●
33	12	8	21	30	38	39	2
●	27	43	●	42	●	32	11

1	7	2	5	8	6	3	4
2	4	3	6	5	8	1	7
5	6	7	1	4	3	8	2
4	8	5	3	6	2	7	1
3	2	6	4	7	1	5	8
7	3	1	8	2	5	4	6
6	5	8	7	1	4	2	3
8	1	4	2	3	7	6	5

3 8×8

5	13	26	21	19	38	39	●
41	●	●	24	●	50	10	49
30	●	20	27	15	●	1	17
37	18	25	4	16	45	●	46
42	●	9	14	36	8	43	40
2	32	●	28	22	●	●	33
12	29	6	●	35	●	34	11
●	31	23	7	3	47	44	48

1	6	5	2	3	4	7	8
7	1	8	4	5	6	2	3
5	4	3	7	6	2	8	1
4	2	7	8	1	3	6	5
3	8	2	6	4	1	5	7
8	3	6	5	2	7	1	4
6	5	1	3	7	8	4	2
2	7	4	1	8	5	3	6

4 8×8

7	15	2	●	20	11	●	23
43	●	●	5	19	31	30	●
27	●	44	18	32	8	4	10
●	35	36	●	●	26	29	16
39	37	40	●	33	17	28	●
48	38	6	46	22	34	9	24
●	1	41	42	13	3	●	21
49	●	45	47	●	25	12	14

4	6	5	7	3	2	8	1
8	3	2	4	1	6	7	5
3	1	6	8	7	5	4	2
5	8	7	2	4	3	1	6
2	7	1	5	6	8	3	4
1	2	4	6	8	7	5	3
7	5	3	1	2	4	6	8
6	4	8	3	5	1	2	7

5 8×8

9	37	●	21	●	36	38	●
4	●	19	●	42	48	49	33
●	5	8	20	22	35	34	24
10	●	27	●	28	●	13	6
●	16	26	14	23	31	25	32
1	12	40	●	30	●	15	43
3	39	2	18	47	29	●	44
●	7	41	11	46	17	45	●

7	3	1	2	6	5	8	4
1	2	4	5	8	3	6	7
3	1	6	8	4	7	5	2
4	5	2	6	7	8	3	1
8	4	7	3	5	1	2	6
5	7	3	1	2	6	4	8
6	8	5	4	1	2	7	3
2	6	8	7	3	4	1	5

6 8×8

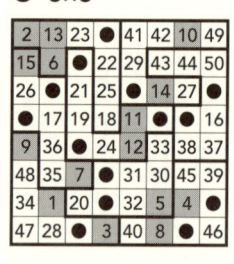

2	13	23	●	41	42	10	49
15	6	●	22	29	43	44	50
26	●	21	25	●	14	27	●
●	17	19	18	11	●	●	16
9	36	●	24	12	33	38	37
48	35	7	●	31	30	45	39
34	1	20	●	32	5	4	●
47	28	●	3	40	8	●	46

1	3	7	2	8	4	6	5
3	6	1	4	7	5	8	2
7	5	4	8	1	3	2	6
4	1	2	5	6	8	7	3
6	8	5	7	3	2	1	4
8	2	6	3	4	7	5	1
2	4	8	6	5	1	3	7
5	7	3	1	2	6	4	8

7 8×8

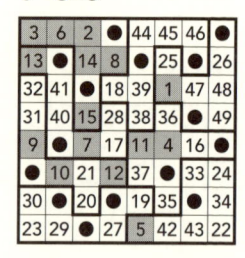

3	6	2	●	44	45	46	●
13	●	14	8	●	25	●	26
32	41	●	18	39	1	47	48
31	40	15	28	38	36	●	49
9	●	7	17	11	●	4	16
●	10	21	12	37	●	33	24
30	●	20	●	19	35	●	34
23	29	●	27	5	42	43	22

1	3	6	2	8	5	7	4
7	1	4	5	6	2	3	8
3	2	8	1	4	6	5	7
8	5	7	6	2	4	1	3
5	8	3	4	7	1	2	6
6	4	1	7	5	3	8	2
4	7	2	3	1	8	6	5
2	6	5	8	3	7	4	1

8 8×8

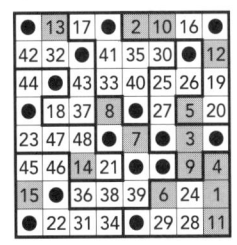

●	13	17	●	2	10	16	●
42	32	●	41	35	30	●	12
44	●	43	33	40	25	26	19
●	18	37	8	●	27	5	20
23	47	48	●	7	●	3	●
45	46	14	21	●	●	9	4
15	●	36	38	39	6	24	1
●	22	31	34	●	29	28	11

4	5	6	1	2	3	8	7
3	2	1	7	4	8	6	5
8	4	7	2	3	1	5	6
2	6	8	3	5	7	4	1
1	7	3	5	6	4	2	8
7	8	5	6	1	2	3	4
5	3	4	8	7	6	1	2
6	1	2	4	8	5	7	3

9 8×8

●	7	21	29	10	18	30	●
35	25	15	24	●	42	4	20
●	11	5	●	47	9	48	41
39	22	●	8	6	2	●	40
38	36	37	●	12	●	17	31
●	32	28	34	●	19	45	16
23	●	46	33	3	43	49	27
26	1	●	14	44	●	13	●

7	5	8	2	1	3	4	6
4	2	3	1	5	7	6	8
3	1	6	8	4	2	7	5
2	8	4	5	3	6	1	7
5	7	2	6	8	1	3	4
6	4	1	7	2	8	5	3
8	3	7	4	6	5	2	1
1	6	5	3	7	4	8	2

10 8×8

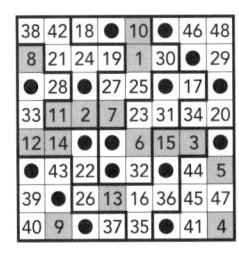

38	42	18	●	10	●	46	48
8	21	24	19	1	30	●	29
●	28	●	27	25	●	17	●
33	11	2	7	23	31	34	20
12	14	●	●	6	15	3	●
●	43	22	●	32	●	44	5
39	●	26	13	16	36	45	47
40	9	●	37	35	●	41	4

3	8	6	2	7	5	4	1
4	2	1	6	5	3	7	8
5	3	4	8	1	7	6	2
1	7	5	4	2	8	3	6
7	6	8	1	4	2	5	3
6	1	2	5	3	4	8	7
8	5	3	7	6	1	2	4
2	4	7	3	8	6	1	5

11 8×8

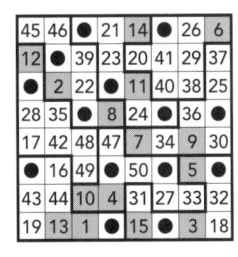

45	46	●	21	14	●	26	6
12	●	39	23	20	41	29	37
●	2	22	●	11	40	38	25
28	35	●	8	24	●	36	●
17	42	48	47	7	34	9	30
●	16	49	●	50	●	5	●
43	44	10	4	31	27	33	32
19	13	1	●	15	●	3	18

8	4	5	6	3	1	7	2
1	2	3	7	6	4	5	8
2	5	6	4	1	3	8	7
5	6	7	1	8	2	4	3
7	3	4	8	2	6	1	5
6	7	8	3	4	5	2	1
3	8	1	2	5	7	6	4
4	1	2	5	7	8	3	6

12 8×8

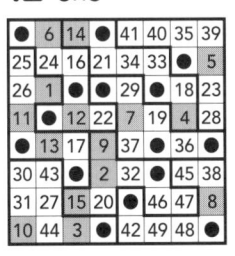

●	6	14	●	41	40	35	39
25	24	16	21	34	33	●	5
26	1	●	●	29	●	18	23
11	●	12	22	7	19	4	28
●	13	17	9	37	●	36	●
30	43	●	2	32	●	45	38
31	27	15	20	●	46	47	8
10	44	3	●	42	49	48	●

5	2	4	6	3	1	8	7
4	6	7	3	1	8	2	5
1	5	3	8	6	2	7	4
3	1	8	4	2	7	5	6
7	8	6	2	4	5	1	3
6	7	2	5	8	4	3	1
8	4	1	7	5	3	6	2
2	3	5	1	7	6	4	8

13 8×8

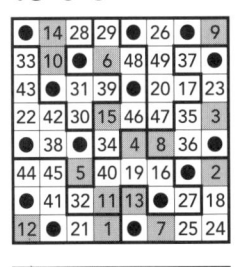

●	14	28	29	●	26	●	9
33	10	●	6	48	49	37	●
43	●	31	39	●	20	17	23
22	42	30	15	46	47	35	3
●	38	●	34	4	8	36	●
44	45	5	40	19	16	●	2
●	41	32	11	13	●	27	18
12	●	21	1	●	7	25	24

1	8	6	5	2	7	4	3
2	3	1	4	6	5	7	8
6	4	2	7	3	1	8	5
3	1	5	8	7	6	2	4
7	5	8	2	4	3	1	6
5	7	4	6	1	8	3	2
4	6	7	3	8	2	5	1
8	2	3	1	5	4	6	7

14 8×8

47	●	48	10	●	6	41	27
1	16	25	●	7	39	40	30
●	32	●	8	29	2	18	26
●	12	5	38	●	37	17	●
28	31	33	●	24	19	●	34
46	●	45	42	4	●	14	35
44	36	●	43	15	11	21	●
9	22	13	23	●	●	3	20

7	3	4	5	2	8	1	6
3	2	5	6	8	1	4	7
4	1	2	8	6	3	7	5
5	6	8	1	7	4	2	3
6	4	7	3	5	2	8	1
2	8	1	7	3	5	6	4
1	7	3	2	4	6	5	8
8	5	6	4	1	7	3	2

15 8×8

●	17	33	2	●	34	20	5
16	1	35	4	21	●	32	12
29	39	●	18	●	48	49	3
14	44	43	23	46	47	38	●
●	45	●	22	37	26	●	28
36	●	42	10	40	●	41	27
25	19	15	24	●	9	●	11
31	30	7	●	13	6	8	●

8	1	5	4	3	2	6	7
1	3	2	7	8	4	5	6
5	2	3	6	7	1	8	4
6	7	4	5	1	8	2	3
3	4	6	8	2	5	7	1
2	8	7	3	4	6	1	5
7	6	1	2	5	3	4	8
4	5	8	1	6	7	3	2

16 8×8

20	13	●	25	●	18	5	23
12	7	17	●	44	45	24	35
●	42	1	11	43	●	36	10
27	●	26	21	46	50	49	●
16	39	●	38	22	37	●	4
6	34	40	●	41	47	48	●
28	●	29	8	●	3	15	30
9	33	14	19	2	●	32	31

7	1	6	2	8	3	5	4
1	8	3	5	2	6	4	7
2	4	5	3	6	1	7	8
6	5	4	1	7	8	2	3
3	7	8	4	1	2	6	5
5	3	2	6	4	7	8	1
4	2	7	8	3	5	1	6
8	6	1	7	5	4	3	2

17 8×8

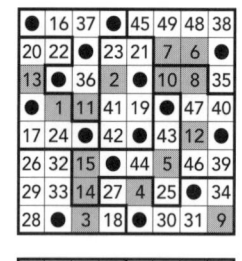

●	16	37	●	45	49	48	38
20	22	●	23	21	7	6	●
13	●	36	2	●	10	8	35
●	1	11	41	19	●	47	40
17	24	●	42	●	43	12	●
26	32	15	●	44	5	46	39
29	33	14	27	4	25	●	34
28	●	3	18	●	30	31	9

3	7	1	2	8	5	6	4
8	4	5	1	6	2	3	7
5	6	8	3	4	7	2	1
2	3	4	8	7	6	1	5
7	1	6	5	2	8	4	3
1	2	7	4	5	3	8	6
4	5	2	6	3	1	7	8
6	8	3	7	1	4	5	2

18 8×8

22	32	●	48	47	●	34	11
7	42	14	43	23	10	●	16
●	27	12	45	46	●	33	●
19	29	1	●	31	25	4	6
28	2	20	41	●	8	40	●
●	36	●	24	9	38	39	15
30	●	21	50	49	17	44	13
5	18	●	35	●	37	26	3

1	2	8	7	4	5	3	6
2	5	3	4	1	6	7	8
4	8	6	3	5	7	2	1
3	6	7	2	8	1	5	4
8	7	1	6	3	2	4	5
7	4	5	1	2	8	6	3
6	1	4	5	7	3	8	2
5	3	2	8	6	4	1	7

19 8×8

28	●	41	17	32	●	6	14
●	42	43	36	●	29	21	18
8	5	10	13	2	●	12	●
9	●	15	1	4	16	●	11
25	27	26	7	33	50	49	3
●	24	●	35	30	40	19	23
37	44	34	31	●	46	48	●
38	39	●	45	20	47	●	22

2	8	3	7	4	5	6	1
1	3	4	5	6	2	7	8
3	5	6	8	1	7	2	4
6	4	7	1	5	8	3	2
7	2	8	6	3	4	1	5
5	7	1	4	2	6	8	3
8	1	5	2	7	3	4	6
4	6	2	3	8	1	5	7

20 8×8

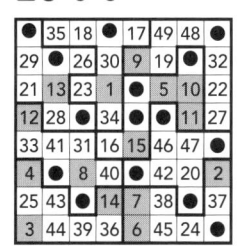

●	35	18	●	17	49	48	●
29	●	26	30	9	19	●	32
21	13	23	1	●	5	10	22
12	28	●	34	●	●	11	27
33	41	31	16	15	46	47	●
4	●	8	40	●	42	20	2
25	43	●	14	7	38	●	37
3	44	39	36	6	45	24	●

5	8	6	7	3	2	1	4
1	2	3	4	7	6	5	8
7	6	5	2	1	4	8	3
6	4	8	1	2	3	7	5
8	1	4	3	6	5	2	7
4	3	7	5	8	1	6	2
3	7	2	6	5	8	4	1
2	5	1	8	4	7	3	6

1 9×9

●	38	47	●	23	●	46	●	34
5	1	●	36	4	33	15	●	35
29	●	22	2	49	37	45	13	27
●	10	31	52	●	55	54	21	●
28	51	14	●	58	57	56	●	18
●	50	48	41	44	●	53	25	●
8	6	7	32	12	9	30	●	24
●	●	42	43	●	20	●	17	16
11	40	3	●	39	●	19	26	●

9	3	1	7	2	8	6	4	5
2	4	6	9	8	5	7	1	3
1	5	2	4	6	3	9	7	8
3	7	8	6	1	4	5	2	9
8	1	7	2	5	9	4	3	6
4	6	5	3	9	7	1	8	2
6	2	3	5	7	1	8	9	4
5	8	9	1	4	2	3	6	7
7	9	4	8	3	6	2	5	1

2 9×9

●	6	18	●	17	●	14	5	●
37	16	●	53	52	7	46	●	40
36	●	1	21	●	4	45	●	39
●	11	35	●	55	54	24	41	27
10	50	●	51	44	●	38	43	2
●	49	29	58	●	15	●	23	9
3	30	26	57	56	●	42	●	22
19	●	●	31	13	20	●	●	32
●	34	33	12	48	47	28	8	25

6	1	3	5	4	7	9	8	2
5	4	9	2	8	1	7	6	3
2	7	1	4	6	8	3	9	5
8	9	2	1	7	3	4	5	6
9	3	4	8	5	6	2	7	1
7	5	6	3	1	2	8	4	9
1	6	8	7	2	9	5	3	4
3	8	5	6	9	4	1	2	7
4	2	7	9	3	5	6	1	8

3 9×9

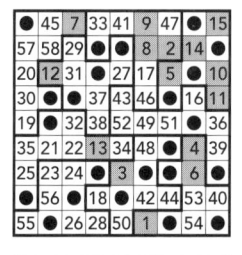

●	45	7	33	41	9	47	●	15
57	58	29	●	●	8	2	14	●
20	12	31	●	27	17	5	●	10
30	●	●	37	43	46	●	16	11
19	●	32	38	52	49	51	●	36
35	21	22	13	34	48	●	4	39
25	23	24	●	3	●	●	6	●
●	56	●	18	●	42	44	53	40
55	●	26	28	50	1	●	54	●

1	7	9	4	5	3	2	6	8
4	5	3	6	8	9	1	7	2
2	1	4	7	6	8	3	5	9
3	6	2	5	9	7	4	8	1
8	3	5	9	7	2	6	1	4
7	2	8	1	4	6	9	3	5
6	8	7	2	1	4	5	9	3
9	4	1	8	3	5	7	2	6
5	9	6	3	2	1	8	4	7

4 9×9

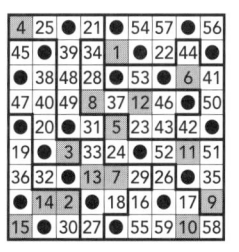

4	25	●	21	●	54	57	●	56
45	●	39	34	1	●	22	44	●
●	38	48	28	●	53	●	6	41
47	40	49	8	37	12	46	●	50
●	20	●	31	5	23	43	42	●
19	●	3	33	24	●	52	11	51
36	32	●	13	7	29	26	●	35
●	14	2	●	18	16	●	17	9
15	●	30	27	●	55	59	10	58

8	1	5	2	7	6	9	3	4
3	7	4	9	1	5	2	6	8
1	4	6	7	3	9	5	8	2
6	2	9	5	4	8	3	1	7
5	9	7	3	8	2	6	4	1
9	5	8	6	2	1	4	7	3
4	3	2	8	5	7	1	9	6
7	6	1	4	9	3	8	2	5
2	8	3	1	6	4	7	5	9

5 9×9

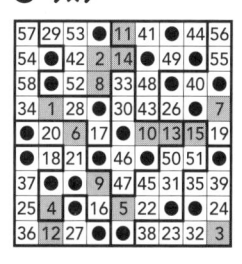

57	29	53	●	11	41	●	44	56
54	●	42	2	14	●	49	●	55
58	●	52	8	33	48	●	40	●
34	1	28	●	30	43	26	●	7
●	20	6	17	●	10	13	15	19
●	18	21	●	46	●	50	51	●
37	●	●	9	47	45	31	35	39
25	4	●	16	5	22	●	●	24
36	12	27	●	●	38	23	32	3

4	8	1	2	7	6	9	3	5
7	9	6	3	4	8	5	2	1
1	5	7	9	2	4	3	6	8
2	3	5	6	8	1	4	7	9
3	1	9	8	5	7	6	4	2
6	2	8	4	3	9	1	5	7
5	4	2	7	1	3	8	9	6
8	6	3	5	9	2	7	1	4
9	7	4	1	6	5	2	8	3

著者略歴

川崎光徳
かわさき みつのり

パズル作家。九州大学工学研究科通信工学専攻修士課程卒。
日本電信電話公社（現NTT）を経て、パズル作家に。
『脳細胞に効く 算数・図形パズル』『脳力がアップする 算数パズル』（成美堂出版）、『パズル冒険物語 異次元のカイト 1～5巻』『THE BEST パズル 1～3巻』（誠文堂新光社）、『傑作! 名品パズル120選』（永岡書店）他著書多数。

本書の内容の一部あるいは全部を無断で複写複製（コピー）することは法律で認められた場合を除き、著作者および出版社の権利の侵害となりますので、その場合は予め小社あて許諾を求めて下さい。

ヤマ勘不要! 解き心地最高!
超難問 理詰めナンプレ 205
　　　　　　　　　　●定価はカバーに表示してあります

2010年12月20日　初版発行

著　者　　川崎光徳
　　　　　　かわさきみつのり
発行者　　川内長成
発行所　　株式会社日貿出版社

東京都千代田区猿楽町1-2-2　日貿ビル内　〒101-0064
電話　営業・総務 (03) 3295-8411 ／編集 (03) 3295-8414
FAX (03) 3295-8416
振替　00180-3-18495

印刷　　株式会社ワコープラネット
企画・編集　オオハラヒデキ
装丁・本文デザイン　茨木純人
©2010 by Mitsunori Kawasaki / Printed in Japan
落丁・乱丁本はお取替えいたします。

ISBN978-4-8170-8171-1　http://www.nichibou.co.jp/